虫洞书系

U0299891

艺术与家具

ART AND FURNITURE

方海　景楠　著

中国电力出版社
CHINA ELECTRIC POWER PRESS

内 容 提 要

　　家具源于生活，同时也源于艺术。《艺术与家具》为一本世界家具简史性图书，其简略介绍了古代家具发展中的艺术引导作用，以及各种艺术门类如何引领现代家具的产生和发展。全书分为"艺术引领家具——人类发展的天性，艺术家、设计师与现代家具——看艺术的创意如何影响家具设计"两部分，从古埃及、古西亚到欧洲家具系统到中国家具系统，从对里特维尔德、勒·柯布西耶、阿尔瓦·阿尔托到阿诺·雅各布森、伊姆斯夫妇、汉斯·维格纳、艾洛·阿尼奥等现代家具大师设计理念及代表作品的介绍，详细论述从古埃及到现代，艺术与创意从来都是家具发展的灵魂和生命线。本书适合作为高等院校家具设计、艺术设计专业家具史论类教材及参考用书，也适合家具设计师等相关设计师及家具爱好者阅读。

图书在版编目（CIP）数据

　　艺术与家具／方海，景楠著 . —北京：中国电力出版社，2018.9
　　ISBN 978-7-5198-0177-9

　　Ⅰ .①艺… Ⅱ .①方… ②景… Ⅲ .①家具－艺术美学 Ⅳ .① TS664.01

　　中国版本图书馆 CIP 数据核字（2016）第 299147 号

出版发行：中国电力出版社
地　　址：北京市东城区北京站西街 19 号（邮政编码 100005）
网　　址：http://www.cepp.sgcc.com.cn
责任编辑：王倩（ian_w@163.com）
责任校对：王海南
装帧设计：锋尚设计
责任印制：杨晓东

印　　刷：北京盛通印刷股份有限公司
版　　次：2018 年 9 月第一版
印　　次：2018 年 9 月北京第一次印刷
开　　本：787 毫米 ×1092 毫米 16 开本
印　　张：18
字　　数：296 千字
定　　价：98.00 元

版 权 专 有　侵 权 必 究

本书如有印装质量问题，我社发行部负责退换艺术的本质是创意。人类历史上古往今来的各种家具能够流传至今，最重要原因是它们使用功能背后蕴含着的艺术因子和创意元素。

——方海

艺术的灵感与现代设计大师的诞生

孟建民 / 中国工程院院士

几年前，我的学弟方海教授出版了《建筑与家具》一书。在书中，他提出了人类历史上家具的发展与建筑的发展在步调上基本一致，而现代家具的发展则与现代建筑的发展完全同步的观点。现在，方海教授与景楠博士合著的《艺术与家具》即将面世。

《艺术与家具》一书以独特的视角讲述了艺术如何引领人类家具发展的故事，对我国当代相关设计领域的现状可以起到启示和警醒作用。建筑师可以从繁杂的事务性工作中，通过关注艺术与家具的发展检视自己的思维模式和工作方法；艺术家则可以从灵感追寻模式中后退一步，看到流传至今的经典艺术如何启发现代设计大师并反思自己；家具界更应该摆脱多年的模仿手法而进入现代家具创意大师的世界，去仔细观察和获取艺术的诸多灵感。作为建筑师，我被《艺术与家具》深深吸引，书里书外的故事让我产生多维度的联想，希望与本书的读者分享。

几十年前，我在建筑史中看到里特维尔德创作的"红蓝椅"

和施罗德住宅，立刻被其强烈的艺术气质和振奋人心的前卫精神所深深吸引。再后来，我又看到里特维尔德的照片，其憨厚的形象和从木匠自学成为建筑师的经历，令人无论如何都很难将具有里程碑意义的施罗德住宅、"红蓝椅"和设计者本人联系起来。究其原因，皮埃特·蒙德里安和希奥·凡·杜斯伯格这两位风格派主将对里特维尔德的影响是决定性的。里特维尔德的"红蓝椅"和施罗德住宅简直就是风格派绘画的立体版模式。可以说，现代艺术史上强悍的风格派艺术风格至今仍影响着世人。真正的设计大师不仅能自觉地从艺术时尚的潮流中吸取灵感，而且能用自身的设计创意反哺艺术家的创作理念和手法。在人类历史上，艺术与设计实际上从来都是不可分割的。

沃尔特·格罗皮乌斯和他开创的包豪斯影响了现代建筑史、现代设计史、现代家具史和现代艺术史。从一战英雄到第一代建筑大师，格罗皮乌斯以其划时代的建筑创作和现代建筑教育体系的建立而名垂青史。在那张举世皆知的包豪斯老师群像中，执著自信、目光深邃的格罗皮乌斯站在中央，两边站立着十几位包豪斯教授，大都是现代艺术史、设计史和建筑史上划时代的人物。其中，瓦西里·康定斯基和保罗·克利被著名艺术史家赫伯特·里德在《现代绘画简史》中列为与毕加索并列的20世纪最重要的艺术创意大师。可以想象，格罗皮乌斯需要有多大的人格魅力和号召力才能够将这些当时最有创意和个性的艺术家们汇聚到一起！在那之后，现代建筑和设计就进入了坦然发展的轨道。

在20世纪这样的多元化的时代，勒·柯布西耶以其昂扬的斗志在建筑、设计和艺术等诸多领域同时创造着奇迹，最终成为全球建筑师的导师和偶像。来自钟表之乡的柯布西耶是天生的绘图专家，他以科学家的精微探索态度发展其绘画、雕塑、建筑和家具，他对人体工程学、比例、和谐尺度的系统研究受到爱因斯坦的赞许。柯布西耶的建筑和家具作品与其绘画和雕塑早已达到一种水乳交融的状态。他很早就感知自己的历史使命，因此从一开始就将其艺术创意活动与设计生涯融为一体。

现代建筑与家具发展史上另一位划时代的关键性人物是阿尔瓦·阿尔托。如果说格罗皮乌斯的"国际式"和柯布西耶的"居住机器"是打碎旧世界创意枷锁的革命宣言，那么阿尔托的地域主义设计和人文功能主义理念则是建设新世界优雅生活的济世良方。就像柯布西耶一样，阿尔托也从很早就知道自己的历史使命，从众多的艺术家和设计师、建筑师、工程师朋友中获取无穷尽的创意灵感，并将其天衣无缝地融入自己的设计实践中。阿尔托发明的层压胶合板彻底改变了现代家具的面貌和发展方向。源自大自然的材料经过人工技术的加工，转化为设计师可以随心所欲驾驭的创意形式。阿尔托的胶合板在现代家具设计领域为后世打开了一扇门，阿诺·雅各布森、查尔斯·伊姆斯、埃罗·沙里宁、约里奥·库卡波罗等从这扇门中看到胶合板运用的新的可能性，于是创造出三维向度造型的座椅、雕塑造型的茶几和极简主义风格的办公椅。与此同时，胶合板的使用又激发了另一部分设计师反思传统材料和传统设计遗产，于是汉斯·维格纳从中国家具、英国家具和丹麦家具中获得艺术灵感，伊玛里·塔佩瓦拉则从非洲家具、西班牙家具和芬兰家具中获得工艺启发。从此，在这个全球化的时代，不同民族的艺术遗产获得了共享。方海教授和景楠博士著述《艺术与家具》，当然不是简单讲述设计大师们的生平故事，而是从一个特殊的角度为中国设计师、建筑师和艺术家推介一种艺术与设计的共生模式，并同时从宏观到中观再到微观，为读者全面展示这种模式的独特魅力。人们不仅看到古代家具是与艺术创意共荣的；还看到古往今来世界各民族在家具发展方面不同的创意故事；更可尽情关注近现代设计大师们如何在艺术与设计实践的互动中完成创意的构思。方海教授作为建筑师和设计师，多年来在理论研究和设计实践两方面都有所践行，特别注重从建筑、室内到家具、灯具的一体化设计项目。其著作《建筑与家具》中所介绍的深圳家具研发院就是其代表作品。从建筑到室内，从家具到灯具，其设计构思都来自蒙德里安、康定斯基和克利等艺术大师的作品的启发，尤其在家具设计方面，更体现了艺术创意与生态材料的有机结合。方海教授最早使用竹胶合板全方位设计并制作家具，同时开启合成竹板材在建筑、室内和景观设计中的广泛应用。此后，方海教授又主持或参与完成了成都天府国际社区教堂、无锡大剧院、上海万科蓝山会所等项目，践行着艺术引领家具设计的创意模式。

古往今来，家具的创意总是来自人类物质文明和精神文明的诸多方面，它们有时来自大自然，有时来自历史的片断，有时来自科技的点滴成就，但更多的则是来自无穷无尽的艺术创意。《艺术与家具》所讲述的故事在介绍"艺术引领家具"精彩片断的同时，相信也会给当代中国的设计师、建筑师、艺术家和其他读者些许对于原创艺术的启迪和反思。当中国已经具备创新实力的时候，我们尤其需要呼吁"艺术引领设计"的创新模式。

艺术与创意：人类家具发展的源泉

方海

　　艺术的本质是创意。人类历史上古往今来的各种家具，无论是中国家具还是欧洲家具，无论是伊斯兰家具还是印度家具，或者是日本家具、非洲家具、美洲家具和大洋洲土著家具，它们能够留传至今的最重要原因就是使用功能背后蕴含着的艺术因子和创意元素，这些因子和元素会以不同的方式流传后世，用于创造具有新时代艺术创意的家具。

　　在开罗的埃及国家博物馆，在伦敦大英博物馆，在巴黎的罗浮宫，我们都可以看到三千多年前的古埃及家具。令人大吃一惊的是，人类最古老的文明创造出来的家具竟然也是结构功能最完备、装饰手法最豪华的家具系列之一。它们与埃及金字塔、古神庙、象形文字和手工艺制品一样，都是埃及艺术创意的结晶。古埃及的家具，以其震撼人心的原创性和艺术性成为人类家具的最重要原型，它们一直被研究被模仿，但从来没有被超越被替代。古埃及家具的构造创意和装饰艺术体系成为欧洲家具系统的直接源泉，而古埃及家具中的折叠式结构创意早在两千多年前就流传到北欧，随后又跟随游牧民族的迁徙传到中国，由"胡床"而发展出折叠椅和交椅系列，促成中国古代家具在内敛的功能和华贵的装饰之间成就勃发的张力和充满艺术品质的视觉构成体系。

笔者与景楠博士在《艺术与家具》中选择了一个非常重要但却在国内被长期忽视的主题，对家具中艺术创意的思考使我们意识到，中国当代绝大多数家具之所以品质低下甚至不堪入目，其根本原因就是设计师和相关企业家对艺术的茫然和对创意的漠视。20年前，当笔者在斯德哥尔摩的东方博物馆准备博士论文的开题时，正值中国明清古典家具开始引起海内外的强烈关注。经过在芬兰和瑞典对欧洲现代家具的初步考察，笔者敏锐地感受到中国家具与现代西方家具之间在艺术创意方面千丝万缕的内在联系，于是将自己的博士论文题目定为《现代家具设计中的"中国主义"》，力图从跨文化和艺术创意交流的视角探讨现代设计的源流脉络和设计手法系统。

在2000年前后纽约举办的一次国际拍卖会上，一对中国明代的黄花梨交椅以160万美元的高价拍出，充分展示了中国传统家具艺术创意与精良工艺的魅力，它们并非普通的座椅，而是承载着人类文明交流和创意传承的艺术精品。我们可以从中看到古埃及的折叠凳以其便携优雅被北方游牧民族带到汉代的中国，并随着中华民族从席地而坐到垂足而坐的生活方式的转化，依功能的演化和构造的创意发展出折叠椅和交椅。那些高价拍出的交椅，其价值不仅来自年代的久远和材质的珍稀，更重要的则是其周身遍布的艺术灵魂的片段：人文功能主义的构造创意，简洁有力的构件造型，集中而强烈的雕饰主题，精美娴熟的金属构件工艺及其与交椅整体构造水乳交融的结合。

2016年秋天，在伦敦举办的一次国际家具拍卖会上，一件由丹麦设计师在1949年设计的胡桃木茶桌以60万欧元的高价拍出。这是丹麦设计师从中国明代茶几设计中获得灵感而设计并制作的限量版现代茶桌。它一方面弘扬了中国传统家具艺术的魅力，另一方面也展示着现代设计的简约主义美学，在《现在家具设计中的"中国主义"》中，笔者曾详细论述中国明式家具的设计美学与现代家具创意理念之间的异曲同工和传承关系，我们可以从中看到那条承载着人类文明交流和创意传承的金线继续向前延展着，不同时代的艺术创意如珍珠一样用不同方式被串在这条金线上。

《艺术与家具》告诉我们：家具源于生活，同时也源于艺术。从古埃及到现代，艺术与创意从来都是家具发展的灵魂和生命线。《艺术与家具》在简略介绍艺术在古代家具发展中的引导作用之后，尤其淋漓尽致地展现了各种艺术门类如何引领现代家具的产生和发展。我们看到里特维尔德如何加入杜斯伯格和蒙德里安的"风格派"艺术团体，并用"红蓝椅"来回应"风格派"的艺术理念；我们看到格罗皮乌斯如何将当时最富艺术创意的天才大师康定斯基、克利、莫霍利-纳吉、费宁格、施莱曼、阿尔伯斯、伊顿等请到包豪斯，然后又看到布劳耶、密斯等设计大师如何将艺术创意与工业材料相结合，创造出蕴含新型机器美学的钢管椅系列；我们看到柯布西耶如何身兼三职：上午进行绘画和雕刻，下午做建筑设计，晚上展开理论研究和写作，而后结合艺术直觉和工程美学创造出现代沙发和躺椅；我们看到阿尔托如何游走于大自然、技术、绘画、雕刻、建筑、家具、工业设计、玻璃陶瓷、灯具和城市规划之间，同时也流连于毕加索、莱热、卡尔德、莫霍利–纳吉、格罗皮乌斯、柯布西耶、赖特、老沙里宁和吉迪翁之间，最终不仅发明造福全球的层压胶合板，而且设计出完美的弯曲木家具系列；我们看到伊姆斯和小沙里宁如何将超现实主义和达达艺术观念与现代材料相结合，开创雕塑式家具新纪元；我们看到维格纳如何从中国家具、英国家具和丹麦乡村家具的构件造型和榫卯创意构造中获得灵感，由传统走向现代唯美家具风尚；我们看到艾洛·阿尼奥如何从波普艺术中获得创意灵感从而创造出风靡全世界的球椅和泡沫椅系列；我们看到约里奥·库卡波罗如何将艺术家妻子的绘画和海报创作与人体工程学原理有机结合，从而不仅创造出人类历史上最舒适的座椅，而且设计出最适宜于人体健康的现代办公家具系列。总而言之，笔者希望通过《艺术与家具》告诉读者：对人类的家具而言，艺术创意的源泉是多方面的，也是无穷尽的。作为当今全球第一家具大国的中国，应该呼唤自己的创意品牌了。在过去的三十年，我们已抄袭了太多，我们已复制了太久，我们的家具界应该有更多的设计师关注《艺术与家具》的主题并从中获得启发和灵感，从而立志再造中国家具艺术与创意的辉煌。

笔者在书房里常用两件座椅，一件是芬兰当代设计大师库卡波罗于1978年设计的办公椅，另一件是笔者自己于1998年设计的竹制多功能龙椅。它们始终让我感到健康舒适，身心恬静，除了展示北欧人文功能主义的生态理念、人体工程学原则和简约主义风貌之外，其沉静而内敛的结构美感贯穿着这两件座椅设计的始终。多功能竹制龙椅的整体造型来自中国明式圈椅，背板上集中装饰的源自汉代的草龙图案表明了龙椅名称的来源，它们继续展示和延续着那条承载着人类文明交流和艺术创意传承的金线。

引 言

景楠

艺术是人类文明的重要组成部分，始终承担着文明发展中创意激发和创新引导的作用。艺术承载着人们的精神与思想，其发展也伴随着人类生活方式的演变，并外化于生活的方方面面，例如家具。

古埃及文明为人类奠定了家具体系的发展基础，后来由欧洲直接继承，并将其影响扩散至全世界，包括中国。本书第一章和第二章将分别论述欧洲和中国家具系统的缘起、演变和发展，结合同时期各艺术门类的特点来介绍家具设计流派或风格的形成。

古埃及家具兼具装饰与实用功能，是阶层和等级的象征。家具设计师的职责由古埃及的艺术家们承担，他们精心设计家具的部件和装饰题材。古希腊和古罗马家具吸收了古埃及的设计理念，并做了修正性的发展。单从艺术创作方面来看，直到家具的现代化之前，欧洲家具在本质上都未曾超越古埃及的成就。在漫长的中世纪里，为教堂服务的家具以哥特风格为主，带有华丽繁复的装饰。文艺复兴为欧洲家具的发展注入了新鲜血液，古典家具的设计传统被重新提及。紧接着，巴洛克和洛可可风格风靡一时。17~18世纪下半叶，启蒙运动又吹来了家具上的新古典之风。总体看来，在工业革命以前，欧洲家具这一支的发展是以古埃及的家具装饰为基础的，以艺术思想和风格为基调的，以艺术创作技巧为手段的。各个时期的家具不断地重复、恢复和变幻着装饰的主题，并在巴洛克和洛可可时期达到家具装饰的高峰。

与欧洲不同的是，虽然也有等级和仪式化的需求，但中国更看重古埃及家具中的使用功能。以中国传统椅子为例，马蹄形扶手、条形背板和软屉坐面等的设计都以舒适为目的，以人本主义为核心。佛教艺术的东传让胡床和绳床流入中国，推动了汉以后的中国高型家具的发展。而中国书法与水墨画孕育出的线的艺术则几乎影响了这一发展的全过程，令中国家具以均衡的比例、流畅的轮廓和沉稳的气质而声名远扬，尤其以明式家具最具代表性。清代宫廷家具加大了对装饰的需求，漆家具因此得到了皇室的青睐。在中西贸易的推动下，清末广作家具曾受到欧洲巴洛克和洛可可风格的影响。

欧洲现代家具的迅猛发展离不开活跃的现代艺术运动。表现主义、未来主义、风格派、构成主义等革命性的艺术思想影响着一批设计师，成为他们创意的来源，也自然而然地引领着现代家具设计的潮流。本书第三章至第十五章将陆续谈及十多位现代家具设计大师的生平，详述艺术对他们的设计生涯和设计作品的影响，以期为中国设计师们带来启示。具体如下。

亨利·凡·德·维尔德（Henry van de Velde）早年在安特卫普皇家艺术学院学习绘画。在查尔斯·沃兰特（Charles Verlat）、保罗·西涅克（Paul Signac）和乔治·修拉（Georges Seurat）的影响下，维尔德成为新印象派艺术家团体的一员。维尔德主张艺术与技术的结合，从艺术、社会和机器的角度完善工艺美术运动的思想。他不反对使用机器，但反对标准化对艺术家和设计师创造力的束缚。弗兰克·劳埃德·赖特（Frank Lloyd Wright）不只是声名显赫的建筑大师，也是一位日本版画收藏家和商人。他曾在芝加哥艺术协会为安藤广重组织了一次作品回顾展，撰写了一本介绍日本艺术的著作，连大都会艺术博物馆都有赖特售卖的日本艺术品。赖特认为日本艺术家与自然的密切关系是他们创作的基础，日本版画中的几何美学也给予赖特很大启发。查尔斯·雷尼·麦金托什（Charles Rennie Mackintosh）是现代主义设计运动的先驱之一。他在儿时就用绘画来认识世界，有机会与本土民族文化亲密接触。他视绘画艺术为灵感的源泉，凯尔特人的传统艺术和日本艺术对他的影响都很大。麦金托什在室内设计中常采用屏风等分割空间，日本艺术的构图为他带来设计上的启发。埃利尔·沙里宁（Eliel Saarinen）（老沙里宁）的设计思想源自芬兰和欧洲其他地区的传统民族艺术。他曾在赫尔辛基大学学习绘画，受维也纳分离派的影响较多，在设计上形成了独特的民族浪漫主义和欧洲新艺术风格。他曾在《形式的探索》一书里谈及艺术的本质。老沙里宁于20世纪20年代在美国创办了匡溪艺术设计学院，以成功的设计教育家的身份培养了大批的业内精英。

家具设计大师吉玛特·托马斯·里特维尔德（Gerrit Thomas Rietveld）于1919年加入风格派。风格派成员希奥·凡·杜斯伯格（Theo van Doesburg）、皮埃特·蒙德里安（Piet Mondrian）、凡·德·列克（Van der Leck）等都对他产生了直接影响。与此同时，里特维尔德的红蓝椅和施罗德住宅也为风格派赢得了国际声誉，令威廉·凡·莱斯顿（Willem van Leusden）、P·J·C·克拉哈默（P.J.C.Klaarhamer）、米歇尔·布劳耶（Marcel Breuer）和沃尔特·格罗皮乌斯（Walter Gropius）等成为风格派思想的追随者。

1919年，包豪斯在德国魏玛成立。其宣言中曾提及："建筑师、画家、雕塑家、所有我们这些人都必须回归到手工艺当中去"。第一任校长沃尔特·格罗皮乌斯涉足多个领域的艺术，将艺术与工艺看作同一事物的两个方面，二者不是对立的，而是互补的。1919~1924年间，包豪斯先后邀请多位艺术家来校任教，他们是雕塑家格哈特·马克斯（Grehard Marcks）、画家里昂奈尔·费宁格（Lyonel Feininger）、约翰·伊顿（Johannes Itten）、乔治·穆希（Georg Muche）、奥斯卡·施莱默（Oskar Schlemmer）、保罗·克利（Paul Klee）、罗塔·施莱尔（Lothar Schreyer）、瓦西里·康定斯基（Wassily Kandinsky）、拉兹洛·莫霍利-纳吉（Laszlo Moholy-Nagy）。艺术家们在包豪斯被称为"形式大师"，他们通过先进而活跃的思想帮助学生探索新事物、新思路和新方法。"形式大师"与工匠们担任的"作坊大师"进行合作，共同指导学生的设计创作。

勒·柯布西耶（Le Corbusier）是20世纪最有影响力的设计师之一。其恩师查尔斯·勒普拉吞涅（Charles L'Eplattenier）曾引导他用艺术鉴赏的视角去看待建筑。柯布西耶是新艺术精神的宣传者，于1917年和新派立体主义画家阿梅德·奥占芳（Amédée Ozenfant）合力发表了《立体主义之后》，并由此引领了一场称为纯粹主义的新运动。柯布西耶与诗人保罗·多米（Paul Dermee）在1920年创办了《新精神》杂志。柯布西耶提出的"机器美学"吸收了风格派、表现主义、立体主义和未来主义等艺术运动的思想，著有《走向新建筑》一书。20世纪20年代起，柯布西耶将兴趣从机器转向自然，他认为建筑师应当通过绘画艺术与自然对话，从自然中寻找灵感。柯布西耶还创作了绘画和雕塑作品来表达他的有机观念。柯布西耶与皮尔瑞·吉纳瑞特（Pierre Jeanneret）、夏洛特·帕瑞安德（Charlotte Periand）的合作是艺术家与设计师的相遇，诞生了诸如LC4躺椅、LC2坐具系列等经典作品。三人分开后，再无作品可以超越这一合作时期的成果。

阿尔瓦·阿尔托（Alvar Aalto）擅长将艺术与科技融入设计，认为设计就是整体的艺术。

阿尔托用艺术的手法描述形式与功能，表达精神与思想。他受到保罗·塞尚（Paul Cézanne）在空间处理上的影响，注重设计物的内涵。阿尔托结交了很多艺术家朋友，例如亚历山大·考尔德（Alexander Calder），费尔南德·莱热（Fernand Leger），拉兹洛·莫霍利-纳吉等。让·阿尔普（Jean Arp）的有机雕塑也令他颇受启发。1935年，阿尔托夫妇与视觉艺术家玛利亚·古里申（Maire Gullichsen）、艺术史学家尼尔斯-古斯塔夫·哈尔（Nils-Gustav Hahl）共同创建了Artek公司。Artek打出"以艺术为导向、技术为支撑"的创办理念，将家具展售与绘画、雕塑摄影等艺术的展售结合起来。

阿诺·雅各布森（Arne Jacobsen）儿时就显露出绘画的天赋。他曾在意大利游学，画了很多古典图像主题的水彩画。亨利·卢梭（Henri Rousseau）对雅各布森的影响很大。作为一名园艺师，雅各布森精于用绘画描述自然事物，并从中提炼灵感。雅各布森的家具堪称雕塑艺术品，是平衡理性与感性因素的完美成果。

伊姆斯夫妇（Charles Eames & Ray Eames）是设计界的最佳拍档。查尔斯擅长研究新材料和新技术，而雷的雕塑、绘画和艺术思想则是二人创作的灵感源泉。雷是美国抽象艺术家联盟的成员，师从画家汉斯·霍夫曼（Hans Hofmann）。伊姆斯夫妇是民间艺术品和工艺品收藏的爱好者，让·阿尔普和胡安·米罗（Joan Miró）的艺术作品对他们的影响也很大。夫妻二人于1950年开始电影创作，为后人留下了超过100部电影，代表作有《玩具火车托卡特》（1957），《游行》（1952）和《陀螺》（1969）。另外，作为伊姆斯团队的重要成员之一，雕塑家哈里·伯托埃（Harry Bertoia）的作品也不断启发着伊姆斯夫妇的创作。

埃罗·沙里宁（Eero Saarinen）（小沙里宁）的父亲是北欧现代设计学派的鼻祖埃利尔·沙里宁，母亲是雕塑家、纺织品设计师、建筑模型设计师和摄影师，姐姐也是一位出色的室内装饰设计师。小沙里宁从小就被大师云集的艺术氛围包围着，较早地接触了各类先进的艺术思想，后来进行过专业的绘画与雕塑学习。小沙里宁用雕塑的手法创作家具，始终追求一种以某类材料为基础的家具整体美学。

汉斯·维格纳（Hans J.Wegner）也是工艺品收藏的爱好者，

受到雅各布森艺术思想的影响。维格纳注重家具的细节，认为完美的家具应是没有背面的艺术品，做到表里如一。

伊玛里·塔佩瓦拉（Ilmari Tapiovaara）的兄弟姐妹们都具有极高的艺术天赋。他对世界各地的民族艺术都很感兴趣。塔佩瓦拉的刚果椅系列源自非洲民间的折叠椅，毕乐卡椅凳系列的设计基础是芬兰民间家具。此外，他还对中国圈椅和温莎椅做过研究，创作了多功能椅和Mademoiselle椅系列。

维纳·潘东（Verner Panton）是非典型的北欧设计大师，其作品被认为是波普风格的代表。他是一位色彩大师，在现代色彩学研究的基础上发展了平行色彩理论，并出了色谱。潘东对形态、色彩和光线的应用出神入化，总是对新材料充满创作的激情。他的家具是舒适而实用的艺术品，常由立方体、球体和圆柱体演变而来，被称为"艺术切割家具"。

艾洛·阿尼奥（Eero Aarnio）也是波普设计大师。他曾说："在设计与艺术之间不存在界限，设计师就是艺术家"，"我的创作灵感来自于日常生活的每一个方面。艺术最根本功能就是把人性最根本的灵魂带入日常物件中去"。阿尼奥是"以艺术为本"的浪漫主义家具设计大师，被称为北欧学派的"叛逆"者。

约里奥·库卡波罗（Yrjö Kukkapuro）自小就表现出绘画天分，中学毕业后到伊梅塔拉艺术学校学习油画。老师很看好他，认为他将来会成为一位伟大的画家。夫人伊尔梅丽是库卡波罗的事业拍档，也是一位成功的艺术家。库卡波罗夫妇常利用各种机会收集世界各地的艺术品和工艺品。夫妻二人的日常工作时刻伴随着艺术思想的对话，为库卡波罗的设计创作带来启发和激励。

由此看来，作为人类文明中极富探索和创新功能的部分，艺术为设计的发展提供了独特的审美、丰富的思想、创造性的思维、突破性的方法和多样性的创作手法。需要注意的是，艺术是设计的引领者和好拍档，但艺术不等同于设计。当我们称一件家具为"艺术品"时，往往是从形态和创作手法谈起，而非此家具的创作目的。

目 录

上篇

艺术引领家具
人类发展的天性（渊源）

下篇

艺术家、设计师与现代家具

——看艺术的创意如何影响家具设计

艺术引领家具

人类发展的天性（渊源）

第一章
从古埃及、古西亚到欧洲家具系统

古埃及、古西亚、中国和印度是四大文明古国。作为人类文明的发源地，它们又以其多姿多彩的艺术创意和科技文明成为人类家具系统发展的源头。以古埃及为主体，辅以古西亚的游牧文化圈子，经古希腊和古罗马文明的充分酝酿，最终发展出欧洲家具系统。与此同时，以中国为主体，辅以印度佛教文化因子，经丝绸之路的文化交流，最终发展出中国家具系统。无论是欧洲家具系统还是中国家具系统，都是艺术创意引领生活功能与时尚的产物。从留存至今的古埃及家具实例中，我们看到任何一件家具都是古埃及艺术风格系统的一个因子，不管是座椅、折叠凳、桌台还是日用物件，都与古埃及神庙、陵墓、文字、装饰等文化载体中所呈现的艺术创意元素连贯一致。它们共同承载着古埃及文明的遗传基因，并顺利传播给古希腊和古罗马文明，进而将"艺术引领生活时尚"的原则发扬光大。古希腊和古罗马在家具设计方面发展出新型的艺术形态，以此主导整个时代的家具风尚。直到欧洲进入中世纪，以豪华和丰富为主流艺术创意手法的欧洲家具设计才被迫间断。然而，当文艺复兴再次开启人们对古代文明的景仰时，家具设计中的艺术传承模式立刻被全面唤醒。于是，从文艺复兴时代开始，欧洲各国的家具发展无论采取何种风格，都基本上是从艺术创意和装饰主题层面上进行革新。直到近代进入工业革命时期，通过东西方设计文化的深入交流，欧洲家具才真正进入功能与艺术创意主题的双向革命。

在人类文明发展的最早时期，古埃及家具就已将艺术、创意与人体工学相结合，创造出同时满足礼仪和使用需求的经典类型。这些经典随后被世界上不同的文明在不同程度上继承和发展。欧洲家具系统主要继承了古埃及家具的框架结构和系列装饰主题，中国家具系统通过遥远的文化传播继承了古埃及家具中以人为本的设计理念。而古埃及家具中令人印象深刻的礼仪化特点则被非洲传统家具所继承。

古埃及艺术是非常早熟的传统艺术，渗透到埃及人民生活的各个方面。在古埃及家具系统中，其任何品类的设计，例如框架式座椅、箱柜或者折叠类家具，都是由艺术装饰所主导的，主要涉及象形文字所形成的装饰主题。古埃及每一件家具的每一个部件也都是经艺术家设计。除绘画、雕刻等职能外，艺术家也承担家具设计师的工作，并经由古埃及悠久的工艺传统来完成家具的制作。古埃及家具的主要装饰手法有三：一是用绘画的方式，体现出自然主义的创作理念；二是用雕刻的方式；三是用镶嵌的方式，镶嵌所用材料来自世界的多个地区。以上艺术创作和装饰手法之后被欧洲家具继承，只是不同的学派发展出不同的方向。

反观中国家具系统，它从古埃及学到了家具如何满足人类生活需求的设计理念。以坐具的功能设计发展为例，自胡床等外来高型坐具传入，中国家具的形制演变就一直沿着功能主义的方向发展，连装饰也是功能主义的。而欧洲家具系统的早期发展是以装饰主题的变化为主的。

原始时期

原始时期的欧洲艺术产生于旧石器时代中晚期。艺术的萌芽是以史前人类的生存与基本活动为土壤的，其起源可能来自于模仿、情感和思想交流、劳动和游戏、巫术、季节变换的象征符号、动物亡灵的哀悼等。旧石器时代晚期，人类艺术的发展主要围绕在法国中南部的多尔多涅河及其支流韦泽尔河流域，涵盖北部的莱茵河流域和西南部的坎塔布里亚山区。

图1-1 沃吉尔海德野马雕像

欧洲考古学家曾将旧石器艺术划分为洞穴艺术和应用艺术两大类。前者是不可移动艺术，主要指洞穴壁画和大型岩雕和岩画；后者是可移动艺术，包括随身携带的兽角、骨、牙、石等雕塑品和装饰物，其中的动物形象生动而写实，是原始艺术家们善于观察自然的结果（图1-1）。这些艺术家大多是猎人，他们在狩猎期间还会写生作画。❶

以洞穴壁画为代表的原始艺术产生于大约45000~12000年前，现已发现的仅法国地区的洞穴壁画就有70多处。法国的拉科斯洞和西班牙的阿尔塔米拉洞洞穴壁画是最具代表性的。西班牙阿尔塔米拉洞穴距今已有15000~22000年历史，其顶部有20多只旧石器时代的动物形象。❷洞穴常是进行狩猎准备和祭祀仪式的地方。因此，岩画和壁画的描绘对象通常是野兽等

❶ 朱龙华. 艺术通史［M］. 上海：上海社会科学院出版社，2014，1：6-7.
❷ 朱狄. 艺术的起源［M］. 武汉大学出版社，2007.

猎物，这与巫术有关，因为食物是保证生存的基本。❶但并非所有形象都因巫术而生，其中一部分可能是先民们借以表达对自然界的观察与认知。那时的壁画绘画技法已有吹画法，是利用鸟的骨管进行吹喷颜料粉末的技法。原始绘画艺术最初以粗略轮廓表现动物或男女生殖器的形体，后来发展出对图像阴影的描绘，符号的数量和复杂度也都增加了，直至形成彩色图像。

除绘画外，旧石器时期的人类也掌握了很多其他艺术创作技巧，他们利用骨、石、象牙和泥土发展出圆雕和浮雕，例如索鲁特时期的鲁塞尔洞穴浮雕。奥地利维伦多夫的圆雕裸女被称为最早的人体雕塑（图1-2）。裸女的乳房、腹部和臀部被夸大，象征着旺盛的生育能力，可能是巫术的道具。史学家们认为史前人类的装饰物可以称作最初的艺术品，先民们用简单的雕刻和打磨技术将彩色贝壳、石子、动物骨头或牙齿等制成各种挂饰。

原始艺术的产生是为了满足生存的实用功能，家具是否具有装饰也是遵循这个原则。更何况，这一时期的家具并未形成独立的形式与功能。

旧石器时代的先民们以穴居为主，居住空间局限，生活方式单一。家具主要是较规则的石块，或者在地面铺设植物和兽皮。除穴居外，先民们已经可以利用树枝等搭建棚舍，类似遗址在法国特拉·阿马塔被发现，大约存在于40万年前。该棚舍的尖拱形框架是将树枝顶端进行交叉固定来形成的，并用木柱在下部进行加固支撑。这个半开敞式的棚舍大概有20～30平方米，是供猎人们遮风避雨的临时场所。

新石器时代的农耕文化酝酿了文明，最早产生和繁荣于西亚地区。艺术表达手法从写实走向写意，或者是抽象。题材不

图1-2 维伦多夫的维纳斯

❶ 房龙. 艺术[M]. 北京: 北京出版社, 2011.

再是游牧时代的野兽与动物，而是社会生产的主角——人。舞蹈、狩猎、放牧等人类活动和生产场景成为岩画艺术的表现主题。

　　彩陶谱写了新石器时代艺术篇章的重要一页。伊拉克的哈苏纳文化和哈拉夫文化是西亚彩陶艺术的代表。早期彩陶是素面无装饰的，后期饰以黑、红或其他颜色的图案。哈苏纳彩陶中有人字形、三角形等几何纹样，也采用人物、动物和植物元素。哈拉夫彩陶的装饰在色彩和图案上更为丰富，通常在浅黄或米色底上绘以白色、黑色或橘红色的纹样。西亚的彩陶装饰多以几何纹和抽象形象为主，图案布局饱满。

　　农业使人类定居，建筑、室内设施和日常器物也随之产生了。新石器时代的先民们建造房屋并组织村落，建筑技术得到了很大发展。据悉，约旦河谷的杰里科遗址的前身就是一个村落，它的落成可追溯到1万年前。村庄的早期房屋呈圆形或椭圆形，后来为方形或长方形，村庄的外围有用以防御和抗洪的围墙。在土耳其恰塔尔·休于的遗址中，作为住宅的房屋建筑多是呈方形或长方形的单间，内部空间被划分为生活区和储藏区，墙壁上有壁画。房屋的地面有高低不平的凸台，它们既可以分割房屋功能，又可用作床、榻或凳来使用。墙壁上也有挖出的规则形壁洞，大概是用来储物或陈设。

古埃及时期和古西亚时期

图1-3　图坦阿蒙金面具

　　古埃及文明自公元前3500年始，持续了3000多年，以古王国、中王国和新王国时期的艺术发展最为繁荣。埃及在雕刻和绘画方面居世界领先水平。埃及艺术家尊重传统，注重节气与星云变化的自然规律。古埃及文明诞生的地理环境较为闭塞，但并未影响它与外界的联系。新王国时代之后，愈加频繁的军事与贸易活动促进了埃及与近东、非洲等地区的交流，包括艺术交流。

　　从发展伊始，古埃及人的艺术就体现出为王权、宗教、神庙和墓葬服务的特点，是以写实为主要方向（图1-3）。古埃及早期的彩陶上绘制了尼罗河、船只和两岸风貌的画面（图1-4）。希拉孔波利斯的神庙下出土了一件那尔迈调色板（图1-5），通过浮雕和线刻的手法，调色板上描绘了统一古埃及的国王和他的丰功伟绩。

图1-4　古埃及彩绘陶罐

　　埃及绘画不采用透视，是平面图式的表现视角，例如，画面中的河流和水塘是采用俯视视角，鱼、船和其他植物是侧视效果（图1-6）。人物形象有着严格的程式，浮雕和绘画中的人物必须采用侧头正胸式的视角，甚至人物的动态姿势也被规定（图1-7）。这种艺术程式形成于那尔迈国王时期，象征着

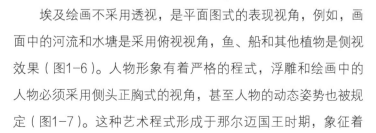

古埃及人向往永恒与稳定的理想。对于"稳定"的追求还体现在雕像中，甚至显得刻板。哈夫拉祭奠庙中的国王雕像是一件精美的艺术品，细致地展示了国王的神态、肌肉的线条和身体的比例（图1-8）。国王的坐姿笔挺、体态端正，身体与座椅间的空隙都被填满。但国王形象之外的元素就显得更加灵活，例如荷鲁斯鹰、扶手上的豹头、座椅两侧的莲花与纸莎草花等图案都被刻画得生动而自由。

图1-5　那尔迈调色板

古埃及是多神教的宗教信仰，他们坚信人的肉体与灵魂不可分离，人死后将以另一种方式生活，坟墓才是永恒的居所，肉体不可脱离灵魂而腐烂。因此，古埃及的统治阶级很早就为死后的生活做准备，包括宏伟的陵墓、奢华的墓室装饰、精美的陪葬品等（图1-9）。金字塔就是这种厚葬之风下的陵墓建筑，它代表了古埃及建筑艺术的高超水平，同时也体现了古埃及人在数学、几何和天文学上的成就。

图1-6　埃及壁画中的植物和动物

随着版图的扩张与对外交流的加强，新王国时期的建筑艺术发展突飞猛进。底比斯的阿蒙神庙在这个阶段被增修扩建，长达几百年。女法老哈特谢普苏特时期的祭庙被认为是新王国建筑中最美丽的。它依尼罗河西岸的山崖而建，采用了带凹槽的圆柱和多边形柱式，被认为是希腊多立克柱式的前身。新王国时期的绘画和雕刻艺术的发展也不容忽视，墓室壁画和宫廷壁画虽承袭前人，但在表现形式上更加人性化。宗教改革的影响提升了艺术的创造力，代表王权的形象塑造不再拘谨，而是偏向生活化，例如王后涅菲尔蒂提雕像（图1-10）。艺术家以写实的手法展现了王后的典雅与美丽，该雕像被称为最美的女子雕像之一。

图1-7　侧头正胸式人物形象

古埃及上层阶级日常使用的家具更注重实用而非装饰，以三足凳为代表（图1-11）。但这种具备日常实用功能的家具品

图1-8　哈夫拉祭奠庙中的国王雕像

图1-9　古埃及墓室中的陪葬品

图1-10　王后涅菲尔蒂提雕像

图1-11　古埃及三足凳

图1-12　方凳

图1-13　木箱

类已无实物遗存，只有存放在坟墓中的最精美的家具才被保存下来，留待墓主人在死后使用。其装饰图案包含了很多象征意义，主要采用带或不带翼的太阳、斯芬尼克斯等宗教和神话元素。另外，本地的动植物，例如甲虫、蛇、秃鹫、棕榈树、莲花等图案也是常用的艺术创作元素。今天，我们仍能在博物馆中看到出土的3000～4000年前的埃及木家具（图1-12、图1-13）。

古埃及象征王权与等级的家具常用金银、宝石、象牙、乌木等进行镶嵌，也会采用贴金箔工艺，家具上常见雕刻或彩绘（图1-14、图1-15）。精美复杂的埃及象牙雕刻可以追溯到公元前3000年以前，而较高的木雕工艺水平自古王国时期就已具备，中王国时期有了乌木和象牙的首饰盒。

埃及的椅子、凳子和床等家具类型，在约公元前2686年至前2181年的古王国时期就出现了，图1-16是古王国第四王朝赫特菲尔斯女王的黄金座椅。新王国时期，高背椅子的椅腿带有公牛和狮子形象的兽腿（图1-17）。大部分的凳子都是四条腿的榫卯框架结构，显示了当时较为成熟的木工工艺（图1-18、图1-19）。折叠凳突出了便携的实用功能，采用木钉和金属件进行连接（图1-20），其X框架结构被继承并沿用至今。椅或凳的弯曲坐面通常由芦苇等编织而成。

约公元前1500年，椅子已在埃及社会的较低阶层被使用。起先只是在凳子上加个垂直的靠背，之后采用立柱支撑的结构使椅背后倾，椅背与坐面间用金属压条固定，令坐姿更舒适，体现了一种朴素的人体工学思想（图1-21）。工匠们使用简易的三足凳。桌子是由三条或四条桌腿支撑一个顶面形成的，饰以雕刻和彩绘。床的结构复杂一些，床板是框架式的，还带有床屏，床架两侧打孔并穿棕绳或皮绳形成床面，上面再铺设床垫（图1-22）。床的头架由木材或象牙制成，可以放置枕垫（图1-23）。柜子的基本形制是带腿或不带腿的，通常是框架和板式结构。它们用藤条、木材、棕绳、蒲草和柳条等制成，并用雕刻、彩绘和镶嵌工艺进行装饰（图1-24）。柜体和抽屉的结构中已经有闭口榫和燕尾榫了。

图1-14　彩绘和雕刻的古埃及橱柜

古西亚和古埃及文明几乎在同一时期产生，但因地理环境、气候条件、人文等诸多因素的不同，二者又发展出各自独特的艺术，其内容和形式都影响到家具及装饰。

西亚是亚洲西部地区的统称，或称之为"近东""中东"。古西亚的早期文明诞生于由底格里斯河和幼发拉底河孕育的美索不达米亚平原，其南部为巴比伦，北部为亚述。其中，巴比伦文明又是由阿卡德和苏美尔人创造的。古西亚艺术的主要服务对象也是宗教和王权。

图1-15　装饰奢华精美的图坦阿蒙王座

苏美尔人是美索不达米亚艺术创作的主要承担者。约公元前3500年起，苏美尔地区形成了众多小国，经千余年也未达成统一。每个小国自立一个城市为中心，建立自己的王朝，但苏美尔地区拥有统一的宗教、文字、文化和艺术。在多神教的宗教信仰下，这些城邦都修建了各自的神庙建筑。安努神庙地处乌鲁克城，是塔庙形式的代表。塔庙的建筑形制采取严格的对称和中央轴线式。雕塑多采用几何化形式，注重刻画雕像的面部，尤其通过圆而夸张的眼睛来突显雕像的精神意义，并以尺寸和比例塑造雕像的威严和等级。艺术创作常采用神像、祭司和僧侣的人物题材，或领袖们的战争纪念题材等。不同动物形象来源的神兽题材也常被采用。乌尔第一王朝墓葬中出土的陪葬品体现了苏美尔人高超的艺术水平和精湛的工艺水平，有镂空金杯、金银宝石镶嵌的牛头竖琴、青金石手柄的短剑、珠宝金银首饰等。《乌尔军

图1-16　赫特菲尔斯女王的黄金座椅

图1-17　图坦阿蒙陵墓御用金椅

图1-18　兽爪木凳

图1-19　制作家具的古埃及工匠

图1-20　木制包金鸭头撑折叠凳

图1-21　采用立柱支撑的倾斜椅背

❶ 朱龙华. 艺术通史［M］.上海：上海社会科学院出版社，2014：84-85.

旗》是珠贝和红玉髓等在青金石上创作的镶嵌画，它的每一面分别表现了乌尔的社会生活、战争场景、和平生活。❶

阿卡德人借鉴了苏美尔人的艺术表现手法和特色，他们用闪长岩和青铜建造领袖肖像和纪念碑，如《萨尔贡一世头像》（图1-25），但雕塑表现更为细腻和写实。

古巴比伦艺术从公元前18世纪晚期一直持续到16世纪晚期。其建筑墙面的镶嵌艺术更为成熟，能够综合应用贝壳、琉璃等材料。古巴比伦《汉谟拉比法典石碑》（图1-26）是刻在玄武岩上的浮雕作品，石碑上方刻有太阳神沙玛什向汉谟拉比国王授予法典的神圣场景，石碑下方是楔形文字的铭文。

亚述人不重来世，他们花费精力创造今生的美好生活。萨尔贡二世在公元前8世纪修建了萨尔贡堡，宫殿内部装饰极为奢华，遍布浮雕、彩绘壁画和琉璃砖等。宫殿的形制不是标准的中央轴线式，而以曲折行进的路线为西亚地区建筑形制的特色。萨尔贡堡宫殿大门的守护神像是人面牛身的带翼神兽，可能受到了阿卡德人的影响，也可能与亚述的神话形象有关。该神像总共有五足，艺术家可能希望观者在正面和侧面都能够看到完整的神兽腿部。

亚述王宫的内部装饰采用了大面积的浮雕，仅亚述首都尼尼微王宫就出土了2000多块浮雕石板，题材多为亚述领袖们作战、庆功、狩猎、酒宴等场面，更为写实和贴近生活。亚述浮雕艺术的表现手法简洁、概括，但对形象的刻画生动而精准。

新巴比伦艺术融合了苏美尔、古巴比伦和亚述的风格。尼布甲尼撒二世时期重建了历经战争、满目疮痍的巴比伦城，使其成为当时最为坚固与奢华的城市。城门是由琉璃砖装饰的，其中最为绚丽夺目的是中央北门——伊士塔尔城门。琉璃砖工艺发明于苏美尔时期，成熟于新巴比伦时期。它的色彩和图案可根据需要制作，方形砖体也可随意组合，常被用来拼贴浮雕，例如伊士塔尔城门门塔壁上的浮雕，就由琉璃砖拼贴出牛、龙等动物形象，以及五色的玫瑰花饰带。

图1-22 带床屏兽脚床

图1-23 赫特菲尔斯陵墓黄金床

古代波斯的版图进一步扩张，是历史上第一个横跨亚非欧的帝国，其艺术也是多元化风格的融合。波斯人接纳了被他们征服的各民族文化与艺术，应用在宏伟建筑的兴建上。他们在亚述和巴比伦建筑的基础上，又吸纳了埃及和希腊石构建筑的特色。波利斯王宫始建于公元前518年的大流士一世时期，是接见各国使臣、各地贵族和举办仪式典礼的专用场所，其中的大会厅和百柱厅恢宏无比。王宫的建筑形式有埃及卡尔那克神庙的影子，建筑装饰也采用了埃及的常用元素，例如带翼的太阳神图案、纸莎草纹、莲花纹和棕榈纹等。此外，希腊的爱奥尼克柱式和亚述的神兽等类似建筑特色也出现在波利斯王宫中。王宫内部的装饰采用了上釉彩的浮雕，沿用了巴比伦的琉璃砖拼贴工艺。

图1-24 古埃及彩绘箱柜

波斯的浮雕是两河流域、埃及和希腊浮雕艺术的汇聚，题材主要是臣民进贡和国王接见的场景。浮雕的形象刻画细腻，但构图趋于程式化，以体现威严

图1-25 萨尔贡一世头像　　图1-26 汉谟拉比法典石碑

图1-27 波斯金角杯

图1-28 古西亚黄金制品上的家具图像

图1-29 古西亚浮雕中的家具图像

庄重为目的。

斯泰基人的游牧民族艺术也影响了波斯，他们利用游牧的便利与西亚、希腊等各文明接触与交流，形成了独具魅力的艺术风格。他们的艺术品主要涉及金属制品，例如武器、马具、首饰和日用品等，装饰题材以狮、虎、马、鹿、牛和羊等居多。图1-27是一件波斯金角杯，是受斯塔基艺术影响的代表作品，兼有艺术与实用价值。角杯是游牧民族的饮酒器具，早期多以牛羊角制成。波斯国王将金角杯视作王权的象征。这件角杯杯旁是带翼狮子的雕像，杯口饰以环状的纸莎草纹，杯身布满环形条纹。此外，安息和萨珊艺术也受到多元文化的影响。安息在希腊艺术的基础上发展出穹隅的建筑特色，萨珊吸收了亚述、波斯等的浮雕艺术，创作了洛斯达姆石刻作品，以《波斯王俘获罗马皇帝》为代表。萨珊的金银制品和丝织品工艺也很发达。

古西亚的家具实物至今未见遗存，但能够从出土的艺术作品中窥见一斑（图1-28、图1-29）。家具多采用橄榄木、棕榈木、椰枣木、藤和蒲草等制成，浮雕、镶嵌等艺术创作手法被用于家具装饰，装饰的题材也同其他艺术品（图1-30）。

苏美尔人的家具更注重实用性，但也采用镂雕、金银或象牙镶嵌等装饰。苏美尔早期乌尔第一王朝墓地曾出土了一个木箱，是木胎上涂沥青做底并饰以贝壳和红玉石镶嵌。椅子的前腿为兽腿，靠背的高低显示了权力与等级，王座的靠背一般更为高大。

亚述人的享乐主义体现在家具的华丽装饰和舒适性上，坐具常配有带丝穗的坐垫，以象牙、黄金和玻璃装饰。《欢宴图》描述了亚述国王巴尼拔与王后举行庆功宴的场景，其中的家具比较典型。国王斜靠在放置靠枕的长凳上，凳前摆放着桌子。王后坐在靠背椅上，椅前有脚凳。这些家具的腿部都有起加固作用的枨，腿的端部是倒松塔形，采用了镟木工艺（图1-31）。

在古巴比伦的《汉谟拉比法典石碑》浮雕中，太阳神沙玛什坐在宝座上，双脚踏在脚凳上。宝座和脚凳都有几何纹的装饰。波斯波利斯王宫的浮雕《国王接见使节图》（图1-32）中展示了国王的宝座。高椅背的宝座带有镟木椅腿，腿间有镟木横枨，前方摆放脚凳。镟木工艺在这件宝座上被大量使用。

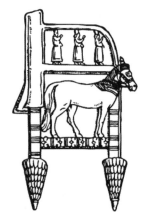

图1-30　亚述椅

图1-31　《欢宴图》中的家具

图1-32　《国王接见使节图》

古希腊和古罗马时期

古希腊艺术是西方艺术从传统直至现代的源头，其绘画风格和"再现人体"的雕塑创作方法奠定了西方自然主义造型艺术的基石。❶希腊的宗教趋于民主化和大众化，他们认为神其实是最完美的人，因此将神性拉到人性。希腊艺术的形式和题材虽然是宗教的，但本质是歌颂人，认为神之美集中体现在人体上。❷

古希腊风格形成于公元前9世纪，其艺术发展在公元前6世纪达到巅峰，椅、凳、桌、柜等家具的基本形制也确立了。埃及艺术、美索不达米亚的苏美尔艺术、爱琴海地区的米诺斯艺术和迈锡尼艺术都对希腊艺术产生过重要影响。早期的希腊艺术表现出几何化的倾向，例如在雕塑或陶器上应用三角纹、棋盘纹、同心圆纹等。在青铜时代，陶器的装饰元素是自然形式的效仿。早期铁器时代，陶器的装饰元素多为几何形，并陆续形成了原几何风格、早期几何风格、中期几何风格、晚期几何风格。图1-33是晚期几何风格的尤卑亚岛卵形双耳喷口罐，其上的装饰为几何与具象图案的混合式，具象图案更便于表达象征意义或叙事，常以对称或连续的方式填充在几何纹的区间中。黑绘（图1-34）、红绘（图1-35）、白描等是古希腊陶器

图1-33　尤卑亚岛卵形双耳喷口罐

图1-34　古希腊黑绘陶瓶

❶　[英]罗宾·奥斯本. 古风与古典时期的希腊艺术[M]. 胡晓岚译. 上海：上海人民出版社，2015：17.
❷　朱龙华. 艺术通史[M]. 上海：上海社会科学院出版社，2014：152-153.

装饰的主要技法。

希腊艺术在与埃及和中东民族的接触中逐渐探索出模仿自然的艺术表现手法，经历了古风、古典和希腊化时期。早期的希腊雕塑借鉴了埃及雕塑中的严格对称性，艺术创作中的人体形态、发式等都有几何图形的倾向，以库罗斯（kouros）男性青年裸体雕像为代表（图1-36）。后期的希腊雕像逐渐弱化了几何线条，曲线成为雕像的主角。波利克里塔斯是古典时期的著名雕刻艺术家，其作品有《持矛者》。而《萨摩色雷斯胜利女神》和《米洛的维纳斯》是希腊化时期的艺术代表作。

公元前7世纪，来自东方的物品或一些装饰用的东方元素出现在希腊艺术品中，后来又逐渐被希腊艺术同化，形成了特有的艺术风格。此外，东方的金属制品工艺和人像艺术等都对希腊本土艺术产生了巨大影响。❶

建筑艺术领域的杰出代表是希腊神庙，包括帕提侬神庙、俄瑞克忒翁神庙、宙斯神庙等，它们依次以多立克柱式、爱奥尼克柱式和科林斯柱式的建筑特色著称。这些建筑艺术中都存在着理性主义与视觉美学间的平衡理念。

毕达哥拉斯学派认为，由"数"塑造的几何结构和形体是认知世界的重要方式。由此产生了对称、比例、尺度、和谐、秩序等审美原则。❷芝诺（ZENO）创造的斯多葛（Stoicism）哲学派提及"神的理性居于宇宙之中并统治整个宇宙"，"人应该努力与自然的理性法则相和谐。"❸这些思想贯穿于希腊艺术的创作中，并影响到与艺术相关的多个领域，包括家具设计。

古希腊木质家具几乎没有遗存，但其雕塑、雕刻和陶罐绘画等艺术作品能够提供一些家具的信息，包括坐具类、床榻类、桌及箱柜类（图1-37～图1-39）。古希腊家具的形制和

图1-35　古希腊红绘陶瓶

图1-36　库罗斯（kouros）男性青年裸体雕像

图1-37　古希腊浮雕中的凳

❶　[英]罗宾·奥斯本.古风与古典时期的希腊艺术[M].胡晓岚译. 上海：上海人民出版社，2015: 59-63.
❷　凌继尧.西方美学史[M].上海：学林出版社，2013: 9.
❸　[美]菲利普·E·毕肖普（Philip E.Bishop）.人文精神的冒险[M].陈永国译. 北京：人民邮电出版社，2014: 66-67.

图1-38 古希腊瓶画中的X腿形凳和波浪腿形凳

图1-39 古希腊瓶画中的椅子

图1-40 古希腊浮雕及浮雕中的兽腿座椅

图1-41 克里斯莫斯椅

图1-42 海格索的石墓碑浮雕

装饰等对后世欧洲家具产生了重要影响，尤其体现在法国路易十六式、执政内阁式和帝政式、英国的谢拉顿式等。

古希腊家具常借鉴埃及的形制，采用兽腿和斯芬尼克斯等图案（图1-40）。王座是神权和王权的象征。家具多采用橡木、雪松、榉木、枫木、乌木、水曲柳等木材，但也有青铜、大理石等制作的供室外活动的家具，意大利的巴勒莫博物馆藏有一些希腊青铜家具的遗物。椅子的坐面和靠背常以皮革编织，而象牙、金属、玳瑁等是常用的装饰材料。希腊木制家具多为榫和木销等接合结构，家具腿受到建筑中柱式造型的影响，镟木工艺也很成熟。

1933年，英国设计师Terrance Harold（T.H.）Robsjohn-Gibbings 发现了一把青铜制的椅子——克里斯莫斯椅。它有着简洁和优美的造型曲线，尤其是弯曲的椅腿（图1-41）。克里斯莫斯椅出现在公元前5世纪，流行了至少一个世纪，多为女性使用。在海格索的石墓碑浮雕中，一位希腊女性坐在类似克里斯莫斯椅的坐具上用珠宝装扮自己（图1-42）。还有一类带扶手的女性专用椅，等级比较高，有镟木椅腿，扶手的端部雕刻了羊头。

图1-43是红绘风格的储酒罐局部，描绘的是名为"斯密克罗斯"的男子参加交际酒会的场景，该男子手握酒杯斜倚在装饰精美的长凳上，凳腿有多立克柱式的造型，其上有形式对称和规则的多种几何纹。这类长凳是希腊人使用最为普遍的家具（图1-44）。它具有多功能用途，可坐、可睡、可供斜靠或躺，其边上可配置一张小桌，或配合脚凳使用。长凳的框架和腿部多为大理石或青铜制成，并以象牙、玳瑁、金银等镶嵌。凳面绷皮绳，上面铺舒适的软垫。

古希腊的凳主要有方凳和折叠凳两种。前者为四条镟木直腿，坐面常以皮绳编结而成。后者有X形的腿，有动物腿形或素面直腿，多供执政官和议员们外出使用。还有一种箱形坐凳，坐面下的箱体可放置贵重物品，是多功能的体现（图1-45、图1-46）。

罗马文明于公元前5-公元前3世纪兴起，迦太基战争后，流入罗马的希腊战利品，或为俘虏或为访客的希腊工匠、艺术家和学者等都促进了罗马艺术的迅速发展。但罗马人并非纯粹地模仿希腊艺术，而是在后者的基础上发展出自己的特色，并与希腊艺术共同创造了西方古典艺术。

伊达拉里亚人的文化与艺术对罗马的影响很大，他们从东方迁移而来并在意大利建国，带来了东方的文化艺术（图1-47~图1-49）、建造技术、灌溉工程、冶金工艺（图1-50）等。罗马人学习了伊达拉里亚人的实用主义，在国家建设上都讲实用性。伊达拉里亚的工匠也常参与罗马的建筑、雕塑等工程。拱券最初由伊达拉里亚人用于排水工程，后来经罗马人发展大量应用于各大公共建筑。从绘画与雕塑来看，罗马共和国初期的艺术几乎是伊达拉里亚与自我风格的融合。如图1-51是现存于卡比托利欧博物馆的青铜母狼雕像，曾供奉于罗马最神圣的卡比托利欧大神庙，表现的是母狼哺乳罗慕路斯兄弟的场景。母狼的动物形态生动而逼真，鬃毛的卷纹式表现手法是伊达拉里亚风格的，但母狼圆睁的双眼所体现出的警觉、顽强、坚定等神情，应是符合罗马精神的。

古希腊的艺术风格被罗马领袖们借用，以表达社会和政治主张，可以将罗马皇帝与古代雅典和亚历山

图1-43　红绘风格的储酒罐局部
（《古风与古典时期的希腊艺术》）

图1-44　克里奈躺椅和脚凳

图1-45　地夫罗斯·奥克拉地阿斯折叠凳

图1-46　地夫罗斯凳

图1-47 伊达拉里亚人绘画中的X腿形凳

图1-48 伊达拉里亚人绘画中的长凳

图1-49 伊达拉里亚人绘画中的桌

大大帝等联系起来。由于罗马人希望如实地保留前人的遗容用以敬仰，艺术家们也将写实作为创作的目标。图拉真圆柱上写实性的叙事浮雕就是罗马艺术家的独创，宏大的场面分别记录了奥古斯都和图拉真的丰功伟绩（图1-52、图1-53）。

不同于古希腊公共建筑单一的宗教目的性，罗马建筑的实用性更强。罗马共和国后期，建筑一改往日的质朴，朝向宏伟华丽的方向发展（图1-54）。希腊三大柱式被罗马人继承，柯林斯柱式尤其受到偏爱。罗马人在多立克的基础上发展出托斯坎柱式，又融合柯林斯柱式和爱奥尼克柱式形成集合柱式。罗马帝国时期的艺术发展高度繁荣，罗马城的建设如火如荼，各行省也都兴建了神庙、广场、宫殿、剧场、体育馆和浴场等。罗马斗兽场建于弗拉维王朝时期，3层的240个拱门都是古典柱式。一层用托斯坎柱式，二层用爱奥尼克柱式，三层则用了柯林斯柱式。

庞贝遗址的壁画采用了镶板贴面的工艺。以精致典雅著称的绘画作品常出现在奥古斯都王族的宫殿装饰中。帝国时期的浮雕艺术达到了一个新的高峰，提图斯凯旋门浮雕是其中之一。拱门内壁的浮雕记录了提图斯和罗马军队镇压犹太人的事件，人物、马匹等形象错落有致，以层叠效果表达远近，空间感和立体感极强，有跃跃欲出的感觉，有别于希腊浮雕。

古罗马木质家具的信息只能通过石刻或绘画等作品来了解（图1-55），但有从庞贝遗址出土的青铜（图1-56）和大理石家具（图1-57）或家具残件，多为罗马共和时期的风格和类型，受到伊达拉里亚和希腊艺术的影响。与艺术一样，承袭了希腊样式和风格的罗马家具也形成了自己的独特风格，更注重奢华和显赫，表现为复杂的装饰。罗马家具的用材丰富而厚重，采用贴板和镶嵌工艺。玳瑁、贝壳、象牙和金银等都是镶

图1-50 古罗马金属制品

嵌的原料，彩绘也是常用的方式。

古罗马长凳延续了希腊的形制，功能也类似。床多以冷杉、榆木、橄榄木、水曲柳、榉木、枫木等制成，也有青铜和大理石材质的，甚至采用金银、象牙和骨料等制作（图1-58~图1-60）。床屏和侧板以珍贵木材、玳瑁、宝石和金银等镶嵌，或饰以雕刻。X框架的折叠凳通常是用青铜制成的，它被单独使用或扮演脚凳的角色（图1-61）。加上矮背和扶手后，它又成为X框架的扶手椅。草编和藤编的座椅也是日常使用较多的。

带弯腿的长凳是很受罗马人喜爱的家具，到公元前一世纪末，罗马长凳有了三面围子，类似于中国的榻。桌子常是直腿框架式，有圆形、长方形和不规则形几种。桌腿采用了镟木工艺，也有狮形兽腿或带翼天使腿（图1-62、图1-63）。此外，双门橱柜和制作精良的灯台也是罗马人的日常家具类型。

图1-51　青铜母狼雕像

图1-52　古罗马银器上的家具图像

图1-53　建筑墙面的马赛克镶嵌工艺

图1-54　图拉真圆柱浮雕

图1-55　古罗马雕塑中的长凳

图1-56 青铜圈椅

图1-57 青铜几

图1-58 大理石座椅

图1-59 三足兽腿桌

图1-60 大理石长凳

图1-61 青铜折叠凳

图1-62 青铜三足兽腿桌

图1-63 大理石半圆桌

中世纪时期

　　公元323年，君士坦丁大帝定都拜占庭，东罗马帝国诞生。随后，在希腊和东方艺术的浸染下，东罗马帝国的拜占庭艺术也兴起了。在信奉了基督教之后，凯尔特人和日耳曼人将本民族的特色引进基督教艺术，欧洲的中世纪艺术就此萌芽，并在11～13世纪间达到繁荣。

　　梅洛温王朝和加洛林王朝陆续推动了早期中世纪艺术的发展，基督教会的扩张又推动了罗马式（Romanesque）风格的出现，这也是奥托领袖们与罗马帝国建立联系的一种方式。法国克吕尼三世教堂的正殿就是仿照罗马剧院建造的。建筑装饰也常借鉴古罗马的浮雕艺术，并受到希波诺-撒克逊艺术的影响，充满了想象和创造力。罗马式建筑的扶壁和肋拱等为后来哥特建筑艺术的发展奠定了基础，并逐渐波及绘画、雕塑等其他艺术形式。

　　法国北部和英国南部率先发起了哥特式宗教建筑运动，修道院院长叙热最早在教堂上实现了哥特风格。他认为上帝精神是经由物质来体现的，对于像"光"这种直接反映上帝精神的非物质来说，是可以通过金与宝石等物质的反射来显现的。叙热将哥特建筑与象征基督再次降临的"新光"联系起来，那些

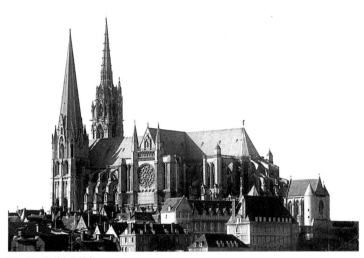

图1-64　夏特尔大教堂

通过有色玻璃的光与色被描述为基督的神秘化身。❶叙热的宗教理念都体现在圣丹尼斯大教堂的重建上，尖拱、肋拱、飞扶壁等建筑结构使大幅的彩色镶嵌玻璃窗或玻璃墙的实现成为可能，让这一时期的教堂空间在宽度和高度上都有提高。哥特式风格中繁复的线条形式也令这类建筑更具装饰性。1220年竣工的夏特尔大教堂是哥特建筑的卓越代表（图1-64）。

　　早期的基督教艺术是反古典的，提倡图解或抽象的艺术表现手法，以符合教义为目的。镶嵌画取代了壁画的位置用于教堂的墙面装饰，采用黄金、彩色玻璃或者宝石等珍贵材料。镶嵌画在拜占庭艺术中进一步发展，圣维塔教堂的《查士丁尼皇帝及侍从》（图1-65）是此类艺术的经典作品，可以从中看出程式化的构图、布局，甚至人物神态。

　　哥特式绘画与雕塑是承袭罗马式的，具有鲜明的写实风格和人文主义精神。绘画以教堂的彩色玻璃画为代表，这种工艺源于拜占庭艺术。以沙特尔教堂的《华美大窗的圣母像》为例，需用铅条拼接并镶嵌各色玻璃以形成图案。它色彩丰

❶　[美]菲利普·E·毕肖普（Philip E.Bishop）.人文精神的冒险［M］.陈永国译.北京：人民邮电出版社，2014：182.

图1-65 《查士丁尼皇帝及侍从》

图1-66 拜占庭式王座

图1-67 X框架椅

图1-68 扶手椅

富、构图饱满、耀眼夺目。书籍插画也是中世纪绘画的主要形式。14世纪初，乔托的《耶稣进入耶路撒冷》是绘画由装饰性转为写实性的代表作。其光线的应用、空间透视感的营造、画面结构的安排等，对1420年以后的国际哥特式风格的绘画产生了重要的影响，文艺复兴艺术提倡的人文主义和自然主义精神逐渐显现。在哥特艺术早期，圣丹尼斯和夏特尔教堂的雕塑还是刻板和严肃的，后来逐渐发展为独立、生动和写实的圆雕，甚至是木雕。约1260年，尼古拉·皮萨诺（Nicola Pisano）的《圣母领报和基督降生》将古典的人文主义引入哥特式雕塑。

与艺术的发展一致，中世纪的家具风格需要关注三个阶段，分别为拜占庭式、罗马式和哥特式。

受到基督教艺术的影响，拜占庭式家具一改往日的古典形制，以直线轮廓为主。家具以木材、金属、象牙等为主要材质，装饰以金银、宝石、玻璃等的镶嵌和浮雕为主，多采用十字架、几何纹、动物纹等图案题材。体现等级的王座有繁复的

图1-69 三足椅

图1-70 仿罗马式山顶形衣柜

图1-71 哥特式教会椅

雕刻，椅背常有向上的尖顶，借鉴了建筑样式（图1-66）。椅背在这里的功能已化身为象征威严的道具。

罗马式家具诞生于一些宗教势力较为薄弱的地区，罗马的建筑样式与装饰对这类家具影响很大。在10世纪至12世纪的宗教改革中，罗马式家具开始大面积发展。除承袭了X框架的座椅外，框架式的扶手椅也是常见的，其扶手、椅腿、靠背等反复应用旋木构件（图1-67~图1-69）。椅腿也有动物形或兽爪形。柜的顶端是建筑的山墙形，柜角包以金属，还使用了金属饰件（图1-70）。

哥特式家具仿照了哥特建筑样式，多以橡木制，王座等也采用银制（图1-71）。上层阶级的床是带顶棚的半封闭式，以保证私密性。床体饰以华丽的雕刻或镶嵌（图1-72）。柜类以框架结构为主，有转轴和抽屉，应用金属铰链、合页和锁页等配件（图1-73）。碗橱也成为日常家具。椅、凳等类型多用镶板结构，工艺简单又省料（图1-74）。

中世纪欧洲的日常家具几乎都与等级和财富相关，但品类不多。鉴于人们的生活习惯，甚至动物也被圈在室内，导致室内空间很小，可摆放的家具有限，因此，有限的家具都是多功能的。例如，床要兼有坐具和办公桌的功能，柜子和坐具被设计为一体等。就连较富有的家庭也没有多少空间和家具，他们的财富用于慈善和宗教，或者贿赂官员和支持庞大的军队。日常用的坐具都是没有靠背的供单人或多人使用的凳，图1-75学生们坐在长椅和长凳上听教师讲课，长椅的"L"形靠背带有书桌功能，类似现在大学里的联排书桌椅。画面左下方的三人坐在四腿长凳上。

与之相反的是，教堂常有较完备的室内家具，家具设计也是跟随着建筑艺术的，其形式基本由高直且向上的线构成。图

图1-72 哥特式四柱顶盖床

1-76是法国康科斯圣福伊镶满宝石的金质圣物盒，圣人坐在装饰繁复华丽的宝座上，宝座的椅腿、靠背等的轮廓都是向上的直线。教堂里唱弥撒和祷告的修士们坐在装饰过的、具有高背直扶手的联排座椅中。教堂柜子华丽的装饰常采用象牙、金属和雕刻工艺，王座被加高且有奢华的装饰。中世纪的折叠凳通常是有地位的人使用的，例如神职人员，后被X腿的椅子代替，重量不轻，也不能折叠，都具有精美的装饰。

图1-73 哥特式箱柜

图1-75 哥特式凳

图1-74 教师给学生上课

图1-76 金质圣物盒

文艺复兴时期

图1-77 多那泰罗的《大卫》

❶ ［美］菲利普·E·毕肖普（Philip E.Bishop）. 人文精神的冒险［M］. 陈永国译. 北京: 人民邮电出版社, 2014: 223.

文艺复兴运动被分为"早期文艺复兴"和"盛期文艺复兴"两个时期。当时，佛罗伦萨的艺术家们普遍接受过解剖学、临摹和透视的训练。❶艺术家对美的规律与比例关系的探索从未停止。

文艺复兴建筑艺术兴起于15世纪意大利的佛罗伦萨，16世纪后传至意大利其他地区乃至欧洲其他国家，其创始人为费立波·布鲁内莱斯基。通过对罗马古建筑的测绘，布鲁内莱斯基设计建造了佛罗伦萨的圣罗伦佐教堂，其结构巧妙的双壳穹顶有着罗马式风格的影子。古罗马建筑理论家维特鲁威的"和谐就是美"的观点在文艺复兴建筑艺术中得以再现。圣彼得大教堂就是文艺复兴精神的体现。建筑师多纳托·布拉曼特在最初的设计中借鉴了希腊建筑的对称十字架，还采用了罗马建筑的穹顶。

布鲁内莱斯基在文艺复兴早期创造了影响后世艺术的透视法，即在平面上构筑景深的画法。多那泰罗和马萨乔（Masaccio）等都是早期应用透视法进行创作的艺术家。《大卫》是多那泰罗对古典主义雕塑的追忆，这座真人大小的青铜大卫具有希腊雕像中常用的"S"形态，艺术家以世俗的手法表现了圣经题材（图1-77）。在《圣三位一体》的壁画中，马萨乔采用透视法和明暗表现法来处理人物的头部和身体、服饰、建筑等元素。15世纪末，文艺复兴运动还波及至德、法、尼德兰等地。

图1-78 米开朗基罗的《大卫》

这一时期艺术发展巅峰的代表人物是意大利的文艺复兴"三杰"，他们是列奥那多·达·芬奇（Leonardo da Vinci）、米开朗基罗·波纳罗蒂（Michelangelo Buonarroti）和拉斐尔·桑乔（Raffaello Sanzio）。

米开朗基罗的《大卫》由古典艺术而来，却以有张有弛的视觉平衡性和抒情性跳出了古典英雄雕塑的范式（图1-78）。1505年，米开朗基罗来到罗马，为教皇尤里乌斯二世建造墓穴。他试图将新柏拉图主义应用到墓穴的雕塑设计中，《俘虏》系列所展现的精神、灵魂与肉体间的抗争就是这一思想着重提倡的，即物质存在向精神存在的过渡。新柏拉图主义思想还指导米开朗基罗完成了西斯廷教堂的天顶画。列奥那多是位全面发展的天才，其兴趣涉及艺术、科学、工程学、植物学和数学等。他的很多发明仅止于理论和画稿上，但仍体现出他对未知世界的探索精神。他醉心于艺术创作技巧的研究，在《岩间圣母》和《蒙娜丽莎》中都用了晕涂法，这是对前人阴暗对比法的革新（图1-79）。他主张艺术应模仿自然、遵循自然，但又要高于自然。艺术家要从创造美的角度去观察和研究自然。❶拉斐尔的《雅典学院》融合了人文主义与文艺复兴艺术，柏拉图、亚里士多德、毕达哥拉斯和托勒密等不同领域的学者都被安排在画面中，呈现出一片和谐包容的场景。

图1-79 达·芬奇的《岩间圣母》

❶ 凌继尧. 西方美学史 [M]. 上海: 学林出版社, 2013: 228.

意大利文艺复兴的家具受到艺术的直接影响。一些负责建筑木工活的作坊开始生产室内家具。建筑、装饰和家具之间的关系在意大利佛罗伦萨被重视起来（图1-80）。不同于希

图1-80 斯卡贝罗椅上的装饰借鉴了建筑样式

图1-81 文艺复兴凳

腊家具的雅致,意大利文艺复兴的家具风格和样式主要借鉴了罗马的元素(图1-81)。轻巧和便携的带有X腿的折叠椅几乎是罗马的样式,可用于吃饭和写字等多种环境(图1-82、图1-83)。一种叫"卡索内"的条形储物柜常被饰以彩绘和雕刻,用来收纳贵重物品或衣物(图1-84),是室内陈设的重点。文艺复兴后期,此类柜子的底座和兽腿造型都是罗马式。箱式长椅(图1-85)是在条形储物柜的基础上加装了靠背与扶手,常以胡桃木为材质,饰以高浮雕。被称作但丁椅(图1-86)和萨伏那洛拉椅(图1-87)的坐具都因使用者而命名,样式雅致优美,用镶嵌和雕刻等工艺装饰,常见于公共礼仪、会议等重要场合。二者都是带有S形腿的折椅,只是后者的腿部是栅条状的S形。还有一类直腿的轻便椅,有方形或多边形坐面,坐面下有抽屉,是会客椅或餐椅的一种(图1-88)。这时扶手椅的坐面已经开始采用软包工艺,多选用天鹅绒、绢丝和皮革等软包材料(图1-89)。陈列柜(图1-90)满足了上层阶级们展示财富的需求,有架格和抽屉,多以檐板、壁柱等古罗马建筑样式来装饰。桌类的腿部常有圆雕,桌面以大理石制或镶嵌(图1-91)。意大利的窄条形餐桌很有特色,桌腿间有很长的横枨。带抽屉的写字桌也在这时出现了。意大利文艺复兴后期的家具形制和风格更加多样化,建筑师帕拉迪奥的理性古典主义和精确的比例等理念都对家具产生影响,导致家具经常无装饰。

　　法国文艺复兴的家具在意大利和西班牙的影响下,形成了自己的风格,有椅、床、桌和柜类(图1-92、图1-93)。法兰西斯一世时期,意大利建筑师罗梭和普雷马蒂修被邀请参与枫丹白露宫的部分室内和家具设计,随后发展出"枫丹白鹭派"的装饰风格。其成员有迪塞尔索、桑班、德勒姆等,他们都

图1-82 X形腿的轻便折叠椅

图1-83 X形腿的折叠椅

是这一时期的家具设计师。一种带有前宽后窄的梯形坐面的座椅是专供女性使用的，便于整理她们宽大的衣裙。柜类，尤其是陈列柜以简洁实用为目的，但仍效仿古典建筑样式，上有檐口或山墙，下有基座（图1-94）。宫廷内使用的床依然是四柱带顶棚式，饰以华丽的雕刻和厚重的垂幔（图1-95）。

图1-84 "卡索内"的条形储物

图1-85 箱式长椅

英国的文艺复兴风格萌芽于都铎王朝，成熟于伊丽莎白一世时期，延续至雅各宾时期。家具以厚重庄严和简洁实用为特点，有陈列柜（图1-96）、橱柜（图1-97）、边桌、带软包的座椅和折叠椅等。装饰纹样和工艺都借鉴了意大利文艺复兴风格。伸缩桌是英国文艺复兴的特色家具，它的桌面由三块可活动的板面构成，可根据需要组合成或大或小的桌面。该桌有白兰瓜形腿部，采用了镟木工艺。

图1-86 但丁椅

古罗马、意大利和斯堪的纳维亚的艺术影响了德国的文艺复兴家具。家具制造者彼德·佛劳诺深受意大利文艺复兴家具的影响，他的家具产品引领了德国潮流。建筑中的柱式、基座、涡形花饰纹、狮头等动物题材被家具装饰重新起用，透雕等工艺丰富了家具的空间感（图1-98）。

尼德兰文艺复兴家具是以弗拉芒斯地区为中心的，有安特卫普、布鲁塞尔和烈日三大家具生产地。建筑中的柱式、涡卷纹和民间神话形象等都是家具装饰的题材，嵌木、镶嵌和雕刻工艺达到了很高水平。装饰艺术家沃里斯编写了《装饰

图1-87 萨伏那洛拉椅

图1-88 带抽屉的椅

图1-89 软包椅

木工》一书，将古典装饰引入尼德兰的文艺复兴风格，并发展出球根形家具腿（图1-99）。西班牙的文艺复兴家具被称为"地中海式"，是综合了罗马式、哥特式和文艺复兴式的结果（图1-100）。以银饰为主并命名的波莱特斯克风格是西班牙这一时期的装饰特色。从柱式、拱券等样式来看，建筑艺术对家具的影响仍然很明显。

　　从其他欧洲国家来看，早期法国文艺复兴家具上常采用来自意大利的图案，亨利四世和路易十三世时形成了厚重、体量大和坚实的家具风格。家具镟木工艺流行且成熟，普遍应用于多种家具类型。中世纪的西班牙被来自北非的摩尔人统治，后者的艺术与文化占有主流地位。即使在1607年被驱逐出西班牙，摩尔人的伊斯兰艺术仍然持续影响着西班牙的各种艺术形式，包括建筑和家具。因此，西班牙家具体现出有别于意大利和法国的独特之处，倾向于直线的简洁形式。桌子和长凳的腿间常有带装饰的铁制枨子，装饰钉的使用也是特点之一。家具表面会采用雕刻、绘画、镀金和镶嵌工艺。

图1-90 陈列柜

图1-91 文艺复兴长桌

图1-92 法国文艺复兴扶手椅

图1-93 法国文艺复兴X腿形椅

图1-94 法国文艺复兴陈列柜

图1-95 法国文艺复兴床

图1-96 英国文艺复兴陈列柜

图1-97 英国文艺复兴橱柜

图1-98 德国文艺复兴橱柜

图1-99 尼德兰文艺复兴的床

图1-100 西班牙文艺复兴橱柜

巴洛克和洛可可时期

图1-101　贝尔尼尼的《圣特雷莎的沉迷》

15世纪初至16世纪中期的欧洲是巴洛克艺术兴盛的时代，反宗教改革和君主专制政体、追求新奇艺术、探索自然人文等思想和行为促进了巴洛克风格的形成。巴洛克艺术试图将人类精神从古典主义带入想象和虚构，常采用生动跳跃的线条和丰富的光影变化来表现其非理性主义的倾向。巴洛克艺术的理论家泰绍罗（Emmanuele Tesauro）认为，艺术虚构的本质是对真实自然的模仿，想象和虚构是理解世界和超越自然的重要方式。❶艺术家应善于利用装饰符号等创造隐喻。

吉安洛伦佐·贝尔尼尼（Gianlorenzo Bernini）是意大利践行巴洛克精神的天才艺术家。他的雕塑将文艺复兴的艺术特色与表现技法带入巴洛克风格，其雕塑代表作有《大卫》和《圣特雷莎的沉迷》（图1-101）。贝尔尼尼还为圣彼得大教堂的会堂建造了镀铜祭坛阳台，也设计了圣彼得大教堂的柱廊式广场，这些都成为巴洛克建筑的不朽之作（图1-102）。

图1-102　贝尔尼尼的圣彼得大教堂镀铜祭坛阳台

意大利画家米开朗基罗·卡拉瓦乔（Michelangelo Caravaggio）善于运用光影变化使画面产生戏剧性，为他带来了很多追随者。另外，波洛米尼的圣芳登大教堂，法国普桑的《诗人的灵感》等都是巴洛克艺术的经典作品。

❶　凌继尧. 西方美学史[M]. 学林出版社，2013：320.

法国巴洛克艺术在路易十四的支持下发展迅速，他通过艺术院控制国家多个艺术门类，例如绘画、雕塑、歌剧、舞蹈等。艺术院推行偏保守的古典主义思想，古典元素被重新塑造，或扭曲或与雕塑结合，体现出壮丽的视觉效果，逐渐形成了独特的新古典主义风格，到17世纪中期，法国的艺术家和匠人已不再从意大利寻找灵感。凡尔赛宫的奢华装饰是巴洛克、新古典主义等多种风格共同作用的成果。

图1-103 委拉斯凯兹《宫娥》

西班牙也在反宗教改革运动的热潮中诞生了巴洛克风格，甚至西班牙皇族三代都以巴洛克风格装饰皇宫，他们也将巴洛克艺术带入了美洲殖民地，在那里建造教堂。委拉斯凯兹（Vela'zquez）是西班牙知名的巴洛克艺术家，其作品有《巴克斯的胜利》《宫娥》（图1-103）等。

与艺术发展的路线类似，17世纪前半期的巴洛克家具都以直线为主，后来加入大量借鉴其他艺术的"S"形或"C"形的跳跃曲线（图1-104）。雕刻成为巴洛克家具最重要的装饰手法，能够通过光影的变化实现三维效果。巴洛克家具常有着厚重的基座和繁复雕刻的山墙，综合应用植物、动物和人物等装饰题材。家具的腿部是扭曲和动态的线条，

图1-104 西班牙巴洛克带顶盖床

图1-105 黑人少年扶手椅

图1-106　法国巴洛克写字桌

常用涡卷纹装饰。在发展盛期，镀金、彩绘和细木镶嵌等工艺被巴洛克家具大量使用，大理石、金属、仿石材、象牙、玳瑁等都是装饰材料。这一时期，椅子的重要性逐渐显现，常有高直且带软包的靠背、端部带涡卷样式的弯曲扶手，以及椅腿间的曲线十字或者X形枨。桌子的桌面应用了马赛克和大理石等镶嵌工艺。

布鲁斯特隆、帕拉第奥和马·塔纳是意大利巴洛克时期的知名家具设计师。他们都具有艺术家背景，尤其是雕刻艺术。布鲁斯特隆是帕拉第奥的学生，他善于应用材料并注重研究材料的加工工艺，例如弯曲木技术。黑人少年扶手椅是布鲁斯特隆的代表作（图1-105）。

除常用的橡木、胡桃木外，法国路易十四式家具还选用了冬青木、黄杨木、梨木等木材进行综合应用。家具装饰材料以玳瑁、牛角、青铜件、马口铁、象牙、贝壳等为主。雕刻、彩绘、镀金和描银技术的发展都达到了一个新的水平（图1-106、图1-107）。一些卓越的设计师们促进了法国巴洛克风格及路易十四式家具的产生和发展。查尔斯·勒·布朗是法国皇家绘画雕塑学院

图1-107　法国巴洛克椅

的创始人，曾主导法国宫殿的室内及家具设计，凡尔赛宫的镜厅就是他的杰作。约翰·波莱是皇家装饰美术家，担任路易十四家具和家居用品的御用设计师，他于1700年出版《家具设计图集》，影响深远。布尔（Andre-Charles Bolule）自1670年起任职宫廷家具设计师，他既是画家又是雕刻家。熟知各类装饰技术的布尔发明了"布尔镶嵌法"，在镶嵌细工和青铜细工方面都有很高成就，诞生了一批"布尔式家具"。

图1-108 布尔式橱柜

英国巴洛克家具经历了复辟式、晚期雅各宾式和威廉玛丽式，受到弗兰德斯和法国巴洛克的影响（图1-108、图1-109）。同时，英国也有出色的巴洛克家具设计师。英国宫廷的家具设计师杰里·詹森（Gerreit Jensen）是荷兰人，服务过查理一世、詹姆斯二世、威廉三世和安妮女王等，与法国的"布尔"齐名。他在创作中吸收了中国漆家具的设计特点。丹尼尔·马洛（Daniel Marot）曾是法国的建筑师和装饰美术家，也曾是荷兰宫廷的室内设计师。到英国后，马洛负责汉普顿宫的室内装饰和家具设计。他于1702年出版了《室内装饰集》。

复辟式家具多见镟木工艺的构件，常饰以涡卷纹，并采用丝绸、天鹅绒、印花皮革等的软包。薄木贴面工艺的发展丰富了家具面板的装饰。源于中国家具的漆工艺和彩绘工艺被吸收进此类型家具的装饰中，与石膏线、描金等西方装饰手法共同

图1-109 英国巴洛克橱柜

演绎。在晚期雅各宾式家具中，本土的传统风格被唤醒。橡木的应用和简洁质朴的风格中融合了来自法国的巴洛克风格（图1-110）。设计师吉宾斯（Gibbons）结合古典风格进行创作，擅长于用线角分割和连接等处理图案，对家具进行装饰。植物题材和柱式、檐口、山墙等建筑样式等是他常用的装饰元素。英国的威廉三世热衷于荷兰家具，玛丽爱好东方用品，例如日本的刺绣和中国的瓷器等。随着法国和意大利艺术风格的涌

图1-110 晚期雅各宾式藤编座椅

图1-111 德国巴洛克椅

入，威廉玛丽式家具以其不同于以往和他国的风格出现了。它们的形式简洁、尺度小巧，有着镟木腿和带刺绣的织物软包。

弗兰德斯的巴洛克艺术家鲁本斯于1622年出版了《热那亚巴洛克门头装饰图集》，引领了当时的荷兰住宅装饰潮流。受到意大利、法国等影响的荷兰家具制造者们，又将发展出的本地技术和风格散播到欧洲各地。荷兰贸易推进了东西方艺术的交流，引发了中国陶瓷和漆器在家具领域的风尚。

德国巴洛克家具中有荷兰和法国雕刻艺术的影子，德国上层阶级偏爱摄政式（图1-111）。随着翻模件工艺的发展，家具装饰和造型更加多样化。受中国漆家具影响，德国家具甚至被运到中国去上漆。或购买运回后，将中国漆家具重新拆开并再次组合。达格利（Gerhard Dagly）是腓特烈·威廉的宫廷家具设计师，他擅长将源自中国的大漆技术应用于德国巴洛克家具的装饰上。

美国独立前的家具称为殖民式家具，不置可否地受到了欧洲的影响，分为以巴洛克风格为主的早期殖民式和以洛可可风格为主的晚期殖民式。在早期殖民式家具中，新英格兰家具有着简洁的形式、质朴的装饰。板式结构、金属连接件和铁件装饰应用较多，以蜂蜡涂饰代替油漆。家具选材以因地制宜、就地取材为主，例如松木、橡木、桦木和枫木。位于弗吉尼亚等南方地区的富人们偏爱雅各宾式的家具，以英国进口或者从新英格兰地区购买为主。而在宾夕法尼亚，中世纪风格的家具受到重用。逐渐地，胡桃木成为殖民地式家具的主要用材，以镟木工艺加工出喇叭形腿、杯形腿等，有高脚柜、矮脚柜、高背椅等家具品类（图1-112~图1-114）。温莎椅是殖民式民间家具中的佼佼者，它雅致的外形和实用的功能成为后世西方设计师的灵感源泉。温莎椅以松木、枫木、橡木和一些果木为材料。另外，殖民地民众们常用的家具还有梯背椅、马车座、摇椅、写字椅等，都是依据日常生活需要发展出来的家具类型。

图1-112　威廉玛丽式扶手椅

洛可可风格始于18世纪的法国，其艺术形式偏爱卷草纹等曲线纹样，颜色多选用金色、蓝色、粉红、粉绿等，表达了法国上层阶级对艺术解放的追求，受到了来自中国的瓷器、漆器、丝绸等商品的图案艺术的影响。法国让·安托尼·华托（Antoine Watteau）的《西塞瑞亚岛之旅》、英国威廉·霍格思的《伯爵夫人之死》和弗朗索瓦·布歇的《维纳斯梳妆》都是洛可可绘画艺术的作品（图1-115）。

18世纪的德国在宫殿和教堂建筑中大量采用洛可可风格，具有代表性的维森海里根朝圣教堂是由建筑师巴尔塔扎·诺伊曼（Balthasar Neumann）建造的（图1-116）。而英国人则将洛可可风格用在服装和绘画上。不得不提，安东尼·华托让洛可可艺术真正走进室内，影响了室内装饰与家具设计。

洛可可风格最早出现在法国宫廷的室内装饰及家具设计上，体现了一种纤巧雅致的自然主义，以雕刻、彩绘等手法在室内装饰中大放异彩。洛可可风格呈现出均衡的视觉感受，表

图1-113　美国早期殖民地卡瓦弗椅

图1-114 美国早期殖民地向日葵柜

图1-115 布歇的《维纳斯梳妆》

图1-116 维森海里根朝圣教堂室内

现出体量轻盈、善用曲线和不对称等特点，多采用青铜镀金、彩绘、镶嵌与雕刻结合、雕刻与描金结合等装饰手法，以动植物装饰题材为主。家具的装饰材质有贝壳、玳瑁、象牙等。与绘画等其他艺术形式一样，洛可可家具的装饰图案常表现神秘和田园的生活，或是对土耳其、印度和中国等异域的描绘。艺术家们虚构精美的服装、龙、宝塔、扭曲的树和假山等程式化的图案，家具制造商又将其印在家具上。

法国洛可可家具表现为摄政式和路易十五式。摄政式的发展归功于摄政王奥尔良公爵菲利普，引领着法国宫廷艺术的发展（图1-117）。菲利普本身就是一位艺术家，在他的带领下，纤巧、雅致、自由的风格从上层阶级流传开来，走进室内和家具设计。当然，中国艺术及艺术品，包括玉器、陶瓷、漆器等的影响在洛可可中延续和传播。科特（Robert fe Cotte）、梅索尼耶（Juste Aurele Meissonnoer）、奥本纳德（Gille Marie Oppenordt）、克雷森（Charles Cressent）等都是这一洛可可过渡时期的家具设计师。

加布里埃（Jacques Anqe Gabriel）是路易十五时期的室内和家具设计师，他以轻巧明快的洛可可风格设计了路易十五的卧室和枫丹白露宫的沙龙场所。路易十五的情妇蓬帕杜夫人主持修建了爱丽舍宫、圣日耳曼的塞尔别墅、马恩河香镇的香堡和美景宫等，邀请了建筑师加布里埃、家具设计师德拉诺瓦和艾班，以及画家布歇和拉·杜等进行建筑、室内装饰和家具设计。它们都是路易十五时期洛可可艺术及设计风格的代表。

图1-117 摄政式扶手椅

　　路易十五家具广泛应用桃花心木、椴木等材质，装饰题材也转向玫瑰、郁金香等植物。薄木贴面、镶嵌和彩绘等被大量用于家具装饰。金属饰件起着结构加固与装饰的双重作用，常用于把手、锁页、腿脚部位，或直接用来压线和包角。装有脚轮的双层圆形餐桌、带有烛台和抽屉的牌桌、带有器具架板的咖啡桌、可用于写作和梳妆的梳妆桌等，都是路易十五时期发展出的桌子新品类（图1-118）。另外，带靠背和扶手的长椅是女性的专用椅，常见于沙龙和女性卧室，可供三人使用（图1-119）。角椅、观牌椅和恋人椅也是沙龙中常见的椅类家具。

图1-118 路易十五式写字桌

　　"伦敦大火"之后，公众对轻便家具的需求变得迫切，安妮女皇式的家具应运而生。它在材料和设计上都体现出轻便的理念，曲线的造型也显得优雅，预

图1-119 路易十五式长椅

图1-120 安妮女皇式扶手椅

图1-121 齐彭代尔的高脚柜

图1-122 齐彭代尔的靠背椅

图1-123 意大利洛可可家具

示着英国家具"黄金时期"的到来。来源于中国的"弯腿"通过荷兰家具传到英国，成为安妮女皇式家具三弯腿的鲜明特征（图1-120）。

乔治式家具重视桃花心木的使用，并以动物形家具腿代替安妮女皇时期的三弯腿，形成兽爪或兽蹄形脚。桃花心木有利于表现细腻的雕刻，为古典装饰题材的应声出现打下基础。乔治三世时期出现了几位家具设计大师，他们是奇彭代尔、亚当兄弟、赫巴怀特和谢拉顿。

托马斯·齐彭代尔的家具是洛可可式"中国风"的代表。他的家具设计以融合了哥特、中国风和法国洛可可等多种风格而著称。中国建筑和家具，尤其是清式家具的装饰风格都是齐彭代尔的东方设计来源。他的《绅士及橱柜制作指南》几乎成为英国家具企业奉行的标准。该书收录了160幅左右的"中国风"家具。齐彭代尔在其1754~1762年的三版家具图册中共收录了11种"中国风"椅子。高脚柜顶部类似中国建筑中的屋顶或四坡顶亭子（图1-121），亭檐四角还挂着风铃，玻璃柜门的格纹效仿中国的窗棂格（图1-122）。椅子上的图案也借鉴了中国建筑和家具中的装饰（图1-123）。奇彭代尔曾受罗伯特·亚当的启发，与其合作设计新古典主义家具，并将作品收入1762年的家具图册。

意大利的米兰、都灵和威尼斯等在法国路易十五式的影响下率先刮起了洛可可家具的风潮，但仍与巴洛克艺术结合发展，保持了对称和线角的原则。中国装饰题材在意大利洛可可时期的家具上也很常见。家具的全彩绘是威尼斯洛可可家具的特色，利用硝基漆进行涂饰的技术已经很成熟，出现了在中国题材彩绘剪纸上涂清漆的方法，以达到光洁华丽的效果。雕刻家布鲁斯特隆与建筑师和舞台设计师尤瓦拉（Filippo Juvara）是意大利洛可可室内装饰和家具领域的著名设计师。

新古典主义时期

　　17～18世纪下半叶，法国巴洛克和洛可可艺术逐渐式微，提倡理性、自然和道德的新古典主义在启蒙运动的推动下兴起，法国的路易十六风格和英国的亚当风格逐渐顺应了人们回顾和复兴古典的需求。古希腊和古罗马的艺术风格、美学思想和审美标准等被重新提起，建筑与绘画讲究均衡和秩序的构图，艺术家精神与情绪的表达也趋于理性和平静。赫库兰尼姆和庞培遗址的挖掘引发了各界对古代社会的兴趣和关注，人们期待一种新风格的出现。

　　雅各-路易·大卫（Jacques-Louis David）创作的《荷拉斯兄弟的誓言》是新古典主义绘画的著名作品（图1-124），画家采用纯粹地突出人物与事件的无装饰手法来表达主题。安格-雅各·加布里埃尔（Ange-Jacques Gabriel）是路易十五的第一位建筑师，他在1753年首次尝试了新古典风格的建筑设计——小特里亚农宫（图1-125）。凭借简朴的装饰、纯粹的几何线条等，小特里亚农宫体现了新古典建筑想要表现的理性的节制。帕拉第奥的《建筑四书》影响深远，美国总统托马斯·杰弗逊就是在帕拉第奥的思想指导下建造了自己的乡间庄园。该建筑带有三角墙、圆窗、圆顶，以及帕拉第奥式的扇形

图1-124 大卫的《荷拉斯兄弟的誓言》

图1-125 加布里埃尔设计的小特里亚农宫

图1-126 路易十六式女王座椅

窗。杰弗逊将法国新古典主义风格引入美国，并应用在自家的住宅设计上。

建筑艺术风格的改变很自然地影响到家具。家具中的古典元素是与洛可可形式结合起来的。随着新古典家具风格的逐渐成熟，曲线和不对称的构图方式转为直线和对称的形式。罗马图案中的鹰、狮头、斯芬尼克斯、山羊、植物纹饰等与法国纹饰结合起来用于家具装饰。简·亨利·瑞塞纳尔（Jean Henri Riesener）是路易十六风格的著名设计师和家具制造商。

路易十六时期，在玛丽·安托瓦内特皇后的提倡下，室内和家具设计重拾古希腊和罗马的艺术精华，形成了优雅、质朴和轻快的路易十六式风格。路易十六式家具注重实用性，避免繁琐的装饰，多采用胡桃木、桃花心木、椴木和乌木等材质（图1-126）。家具的"S"形弯腿消失了，代之以凹槽的古典柱式腿，以嵌木细工、雕刻、镶嵌和涂漆等装饰为主。古典建筑样式和装饰纹样，例如柱式、棕榈叶、月桂叶、像树叶、盾牌、绳结纹等是路易十六家具中常见的。

图1-127 法国帝政式雕饰柜

法国大革命之后，原先服务于贵族的装饰美术开始转向新

兴资产阶级。除古典纹样外，家具装饰还以三角帽、长矛、花环等象征革命的元素为主，但家具形制未做较大改变。路易·大卫是法国的美术史学家、政治家和画家。深受古典艺术影响的大卫曾设计了伊尔丽宫条约厅的家具。

拜西埃和封丹是法国帝政式风格形成的推动者。在意大利古罗马及文艺复兴艺术的影响下，他们为约瑟芬皇后设计了玛尔梅森宫的室内装饰和家具（图1-127）。帝政式家具形式体现对称与严谨，强调厚重和质地精良。家具装饰简朴，面板平整而光洁，多采用青铜或黄铜饰件。装饰以古罗马神话故事、胜利女神、月桂树、花环等古典题材为主。法国的帝政式影响了其他欧洲国家的家具风格，例如英国摄政式、德国毕德迈尔式和美国帝政式等。

图1-128　英国亚当式白漆彩绘扶手椅

英国的罗伯特·亚当（Robert Adam）、乔治·赫普尔怀特（George Hepple-White）和托马斯·谢拉顿（Thomas Sheraton）是与齐彭代尔并称乔治王朝四大名匠的家具设计师。前三者对英国新古典主义家具的发展做出了重要贡献，令亚当式、赫普尔怀特式和谢拉顿式家具享誉世界。亚当式家具（图1-128）中多见直线，注重形式的对称和规整，装饰简朴而雅致。家具用材以桃花心木为主。维纳斯、丘比特、狮身人面像等古典题材成为此类家具的装饰主题，也常见几何纹样、花饰和带饰。薄木镶嵌工艺在亚当式家具中再度兴起。

图1-129　英国赫普尔怀特式扶手椅

赫普尔怀特式和谢拉顿式是对亚当式家具的继承和创新。赫普尔怀特式家具（图1-129）兼用贵重和普通木材，满足了社会多个阶层的消费需要。装饰内容也多来自古典题材，但尤其以棕榈叶、麦穗、威尔士王子的羽毛标志等最为常见。家具的形式纤巧，具有优美流畅的轮廓线。以轻便和耐用著称的谢拉顿式家具（图1-130）常采用桃花心木、椴木和玫瑰花木。

图1-130　英国谢拉顿式扶手椅

薄木拼花贴面和彩绘是主要的装饰手段，而装饰图案以羊齿、花饰、贝壳等为主。由线型框架构成的家具形式显得瘦削而劲挺，椅背也常以线型形成不同图案。谢拉顿将实用性作为家具设计的首要目标，其家具也被视为对英国古典家具的革命性突破，为英国家具设计的新征程吹响了号角。

第二章
中国家具系统：艺术、工艺与功能主义

欧洲家具系统和中国家具系统，虽然都遵循"艺术引领设计"的规则，但是二者的艺术创意源泉和发展轨迹都大相径庭。欧洲家具系统源自极其早熟的古埃及和古西亚家具体系。因其功能设计的过早完善，自古希腊以后，欧洲各国家具的发展几乎都是在装饰主题和手法基础上的艺术创意的更迭和时尚的推演。而中国家具系统则是典型的功能演化的结果，且始终伴随着中华民族在不同时代发展出来的不同艺术门类的启迪和推动，最终形成与欧洲家具系统完全不同的艺术风貌和功能组合，为后来现代家具设计领域的中西方家具差异性艺术创意理念的碰撞和融合奠定了基础。中国家具系统从一开始就是功能主义的产物，随着人的生活方式的改变而发展，其中最重大的一次功能革命就是唐宋之际中国家具系统由席地而坐向高坐模式的转化。中国家具的最基本的框架式榫卯结构直接源自中国古代建筑艺术，但中国家具随后的以功能演化为主导的发展则完全受中国艺术风尚的引导。以书法和水墨为代表的中国艺术形式是家具发展的主要引路者。它们都是以追求线条的韵律和美学为艺术创作的目的。不仅如此，青铜器、木结构、瓷器和漆器等都能体现出以线创作的中国风格。迈克尔·苏立文曾提及"中国艺术的形式因为身处最广泛、最深刻的和谐感之中而极度妍美，我们之所以能欣赏它们是因为我们也能感觉到自身周围的韵律，并且能够本能地回应它们。这些韵律，即线条和轮廓所表达出来的内在生命的感觉，在中国艺术萌蘖阶段就已表露无遗。"[1]作为中国最高艺术门类的书法艺术使中国家具的线性构件成为构造的主角，而中国绘画的精致高雅与高远起伏又赋予中国家具线性构件以雕塑化

的优雅品质。此外，中华民族传统装饰手法如浮雕、镶嵌、彩绘等又在不同
时代为中国家具的装饰手法提供了多样化的选择，最终形成明式家具集中化
装饰和清式家具多样化装饰两种经典家具风格。

同时，对中国家具影响巨大的另一因素是文人背景的设计师。唐宋以来，艺
术家和文人大量地参与家具设计，如李嵩、刘松年和文震亨等。更为重要的
是，中国家具的设计出发点是"舒适"，总是在寻找能够让人体感觉舒适的
角度。当然，中国家具也不可否认地承担着等级与仪式的精神功能，但它首
先是为人体着想的。

❶ ［英］迈克尔·苏立文. 中国艺术史［M］. 徐坚译. 上海: 上海人民出版社，2014: 4.

原始时期

内蒙古阿拉善右旗德柱山的"鸵鸟"岩画是中国发现的最早的原始绘画，大约形成于距今12000年的旧石器时代晚期。正如傅抱石先生所说："绘画的萌芽，早于文字，乃伴工艺美术及人类的艺术观念而起"。❶

周口店山顶洞人的男人们已开始穿兽皮，女人则用穿了孔的石珠来装扮自己。以渔猎为生的先民定居下来后，陆续建造了类似小型房屋或草棚的住宅，后来逐渐出现体量更大的房屋或排屋。他们也需要制作日用品，如陶器。最早的聚落在湖南玉蟾岩和内蒙古敖汉旗，可追溯至公元前8000年。1921年，安特生首先在仰韶发现了彩陶遗址。大约20世纪50至70年代，半坡村落遗址被发掘。它还原了公元前6000～公元前5000年的先民居住方式。圆形草棚由枝条和泥土建造，房屋中间有火塘，屋顶覆盖芦苇，地面涂抹灰泥。

半坡人用泥条盘筑法制作陶器，在灰陶或红陶上用黑色颜料绘制纹饰，如鱼形纹、人面鱼形纹和几何纹等。在河南、甘肃等地发现的彩陶中还出现了水波纹、漩涡纹、蛙纹、鸟形纹和人形纹（图2-1）。这些图案从具象到抽象逐渐演进，可能应图腾与巫术的需求而创作。

图2-1 甘肃马家窑彩陶

❶ 傅抱石. 中国绘画史纲[M]. 北京：北京出版社，2016：165.

图2-2 红山玉龙

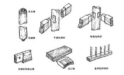

图2-3 河姆渡遗址中的榫卯构件

此外，龙山的黑陶、红山文化的陶制女神像和玉龙（图2-2）、河姆渡的髹漆木碗、良渚的玉璧和玉琮等玉质礼器都是原始先民们创作的艺术品。

有趣的是，新石器时期的一些彩陶上绘有符号，大汶口灰陶上刻有日、月与山的图形，这些可能与之后的中国象形字或指事字的出现有关。

家具几乎是与建筑同步发展的，自巢居和穴居的原始生活方式起，一些简单的日常家具就开始配套使用了，它们大多是以动物皮毛、植物枝叶等铺就的床，或以各种体量的石块摆放的凳。编织技术逐渐发展后，席也产生了，主要有草席、苇席、竹席和篾席等。此外，木料砍削成的木案、木俎、木几和木匣等也被使用，这些家具常用红、白、黑、黄、蓝、绿等矿物颜料进行装饰。中国的榫卯制作技术在新石器时期就已出现，并逐渐在新石器中晚期走向成熟，为木质家具的结构和形式提供了革新的条件，也为后世框架家具的发展奠定了基础（图2-3）。

夏商周时期

商周是古代青铜器发展的重要时期，形成了独特的青铜器装饰艺术。青铜器多为权力与等级的象征，被用作祭司仪式的礼器，包括鬲、甗、鼎等烹食器，簋、盂等盛食器，壶、卣、觯、盉等盛酒或其他液体的器皿。

图2-4　商青铜簋

失蜡法和合范法等青铜器加工工艺在商周时期已很成熟。早期的装饰题材主要有龙、凤、饕餮、龟和云雷纹等图案。春秋战国时期涌现的百家文化思潮进一步促进了周代艺术的发展，青铜器的形态更为简练、生动，装饰题材也扩展到日常生活或神怪传说。

前安阳时期，商代青铜器（图2-4）的艺术风格大致追随以下演变的路线：一、器壁薄，形态拘谨，以饕餮和龙纹为主；二、纹饰趋于精美和完整，布满了繁密的曲线。三、饕餮纹、蝉纹、龙纹等图案从卷云纹构成的框架中分离出来。四、动物形纹饰从卷云底纹中凸起，或底纹干脆消失。五、虎、水牛、象、兔、鹿、猫头鹰、鹦鹉、鱼和蚕等动物图案是常用的题材，会以写实的具象状态存在。但大多时候，它们以抽象形态出现，甚至是被解构重组的形态。

周代出现了宗教信仰的变化，动物从图腾的地位转为被征

图2-5　西周早期青铜饕餮纹尊

图2-6　妇好墓出土踞坐玉人

图2-7　甲骨文

图2-8　青铜器铭文拓片

❶　傅抱石. 中国绘画史纲[M]. 北京: 北京出版社, 2016: 169-170.

服的对象，它们在装饰题材中的角色自然也发生了变化。西周早期青铜器沿袭了商的器形和装饰，只是铭文的内容转为记录领袖们的丰功伟绩（图2-5）。

河南安阳妇好墓出土小型踞坐玉人（图2-6）是商代玉雕的重要遗存，包括鸟形、鱼形、蚕形和虎形等玉质薄片。玉器的形状象征着等级，璧、琮、瑗等都扮演着礼器的角色。骨器和象牙雕刻工艺也有应用。商代白陶与青铜器的装饰高度相似。陶器常以绳纹、几何纹或卷云纹装饰，采用刻画、压印的方式。

周代玉雕艺术常以扁平器形加上浅线浮雕工艺为主。陶器十分质朴，甚至是对铜器的粗糙仿制。陶器上常见的是绳纹，牛头或饕餮等形象也会出现，但纹饰过于单一和刻板。甲骨文和青铜器铭文是中国文字和书写的重要源头（图2-7、图2-8）。西周的青铜器铭文为大篆书，但以笔墨在木牍和竹简上书写的文字形态更加日常化和自由化。

商代已在安阳建造木构夯土结构的房屋，有台基、柱础和柱。建筑以石刻兽头进行装饰，房梁的装饰图案与青铜礼器类似。

周代对于绘画艺术的重视与研究也启发了器物装饰在形式、内容和手法上的创新，进而影响到家具装饰。《周礼》中有关"画明堂、画门、画采候、画盾"等的记载表明周代对绘画门类的重视与支持。《韩非子》《庄子》等开始记录绘画及画家的故事，也会谈及有关绘画思想和技术的观点。❶

夏商周时代的生活方式以席地而坐为主，席和配套的矮型家具成为主要品类。夏朝的大禹时代，茵席出现了，是指车内坐面上铺设的垫子。统治者使用的茵席常有纹饰。茵席多以植物、丝麻和兽皮制成。3000多年前的商代的家具仍以筵和席为

图2-9　周代铜禁

❶　（西汉）戴圣编. 礼记·礼器［M］. 北京联合出版社，2015.

主。"筵"比较大，常铺设于底部，"席"又铺在"筵"上面。这一时期的家具及其使用，与礼节和等级密切相关，有"天子之席五重、诸侯之席三重，大夫再重。"❶的说法。

青铜器制作工艺和装饰艺术促进了青铜家具的发展，例如宴会和祭祀用的案等。同时，青铜工具的发展也为木质家具的发展提供了生产条件，一些漆家具诞生了。家具装饰图案多为饕餮纹、夔纹、云雷纹、涡纹等，装饰工艺多用浮雕、线刻、彩绘和镶嵌等，这与青铜器装饰题材和技法一致。

俎、几和禁等是这一时期的矮型家具（图2-9）。俎是一种商周时用于祭祀的礼器，通常是板足或直足上架一横板，其上雕有饕餮纹和云雷纹等。河南安阳大司空村商代墓就出土了一件石俎，其两面雕两组兽面纹，四足支撑俎面。商周有了可凭依的几，常放置在身体一侧，其类型也与等级相关。例如象征等级的五几，分别为玉几、雕几、彤几、漆几、素几。随着材质的不同，其使用等级逐渐降低。此外还有商代的六足三眼铜禁和西周夔纹铜禁，可放置食品和器物，也可烧火加温。

春秋战国时期

图2-10 彩绘鹅形陶盒

图2-11 湖南长沙楚墓的
《人物龙凤图》

镶金技术在安阳时代就得到使用，黄金加工工艺在战国时期被独立出来，铜器可采用镶嵌手法进行装饰。受匈奴、鲜虞等北方民族的影响，器物的装饰综合体现出本土的几何纹和外来的动物形。

战国中期，随着釉技术的发展，带釉陶器出现了，以尊、三足鼎、带盖豆等器形最为常见。陶器常模仿铜器的器形和装饰（图2-10）。表面也会有动物形象或者狩猎场景。东周的制玉工艺很发达，玉器逐渐成为生活用品，连璧和琮也成为装饰品。玉器装饰中多见凹或凸的漩涡纹，玉片上有龙、虎、鸟、鱼等形象。

春秋战国时期的绘画艺术开始脱离工艺品而独立，出现了壁画和帛画，其中的题材也常用于家具装饰。出土于湖南长沙楚墓的《人物龙凤图》是中国目前发现最早的帛画（图2-11）。建筑中的瓦当在春秋时期被采用，其上有涡纹、植物纹和动物纹等装饰图案。战国时的建筑装饰常以红、黑漆配合来绘制图案，与漆家具的黑地饰以红色纹样的装饰方式相似。

图2-12 铜俎

春秋战国时期虽以漆木家具为主，但仍沿用青铜家具（图2-12）。分铸焊接法、失蜡法、金银错等工艺的发展使青铜家具在造型、装饰细节和金银材料镶嵌等方面表现不俗。楚地以擅长漆器制作闻名，为红地黑彩或黑地红彩，装饰题材主要是虎、凤、龙、云纹等。自然地，漆木家具（图2-13）也盛产于楚地，当地的室内陈设应用竹木漆器。曾侯乙墓出土了一件战国漆箱，装饰精美，绘有二十八宿图（图2-14）。长沙马王堆一号汉墓出土云龙纹漆屏风。屏身正面为黑地，彩绘绿身朱鳞的云龙图案。屏身背面漆朱色，绘制了浅绿色菱形几何纹。龙、凤、蟠螭、云纹、牛、虎、鱼等都是漆家具常用的装饰图案，植物和几何纹样也被结合使用。

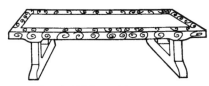
图2-13　长沙刘城桥楚墓涡纹漆木案

图2-14　曾侯乙墓战国漆箱

秦汉时期

图2-15　秦始皇兵马俑局部

秦始皇时期，随着西南版图与贸易的扩展，中国与西域等地区就已有艺术交流了。有关印度、缅甸、安南的陆上贸易等记载都可能是这一早期中外交流活动的佐证。1世纪晚期，贵霜将印度的文化和宗教传入中亚，并融合了印度、波斯和罗马的艺术，逐渐对中国艺术产生了影响。王子年的《拾遗记》中提到一位叫烈裔的骞霄国画家，这类艺术家也为这一时期的中国艺术吹进外域的空气。[1]汉艺术主要承袭了秦，但其与道家思想的关联更为紧密，对中国后世艺术的影响十分深远。同时，张骞的西域"凿空"之行和佛教的传入都对中国艺术造成冲击，尤其是佛教的影响，涉及绘画、雕塑（雕刻）、建筑、家具等众多艺术和设计领域。

秦始皇兵马俑遗址蔚为壮观，这些陶俑带有空心的躯体和实心的腿部，手部与头部是做好后再拼合的（图2-15）。青铜马车、马和车夫都以金银进行镶嵌。

西汉出现纪念性石刻，西汉霍去病墓的战马雕像手法与萨珊浮雕类型相似。汉代青铜器转为日常用品，具备实用性或装饰性功能。现遗存的青铜器以金银、绿松石或玉镶嵌，有铜剑、铜刀、带钩等种类。河北窦绾墓出土的青铜镀金长

❶　傅抱石. 中国绘画史纲
[M]. 北京：北京出版社，
2016：171-173.

信宫灯（图2-16）和甘肃武威汉墓的青铜马踏飞燕（图2-17）等，都是汉代青铜类雕像的精品。漆器以卷云纹、涡纹为主，后者又逐渐演变为火焰纹，常用虎、鹿、凤等动物纹和人物来装饰。

图2-16　长信宫灯

汉代玉器的雕刻技术愈发精湛，出现了透雕和圆雕方式。匠人们能够利用玉石各部分颜色的不同而创作。这时的玉器已经失去礼器的意义，逐渐成为美与道德的象征，被用作装饰品和摆件等。

两汉时期，随着丝绸之路的开通和贸易的繁盛，中国丝织品已被输往越南、西伯利亚、朝鲜和阿富汗了。长沙马王堆汉墓出土了大量精美的丝织品，丝织技术多种多样，主要有绫织法、大马士革织法、薄纱、垫锦和刺绣等。这些丝织品有以斗兽纹为代表的图案纹、连续的几何纹和漩涡纹等，漩涡纹间还填充了骑马人物、鹿、虎等形象。

秦汉绘画以宣扬封建伦理为目的，多反映社会风俗与民生，神话传说和古圣先贤等题材应用较多。汉代尊崇儒学，宫殿和宗庙的壁画装饰题材大多与儒学有关，也影响到墓葬浮雕。汉人物画从属于经学、史学或者《淮南子》《山海经》的插画，风景画多为以都城、宫殿、皇家园林为主题的诗赋的插画。除壁画和帛画外，这一时期还遗留了大量的画像石和画像砖。画像砖中常有席、榻和案等家具形象（图2-18）。这一时期绘画艺术的构图方法、线描和赋色渲染技法等发展较快。随着纸张的发明，东汉末年，隶书、行书和草书相继出现，书法艺术开始与其他艺术门类相互影响（图2-19）。

西汉时宫廷设立黄门，聚集了画家、儒士、星相家、杂耍艺人等。宫廷家具的制作者被称为"画工"，他们是画家或画匠中的较低等级者。宫廷之外的类似机构是"工官"，是礼

图2-17　马踏飞燕

图2-18　汉画像砖

器、漆器和武器的制作机构。

　　秦始皇在统一六国的过程中，大力吸收他国的文化与艺术，例如在咸阳的大兴土木中仿造六国的建筑及装饰。据史书记载，西汉长乐宫、未央宫、建章宫等建筑富丽奢华，随处可见珍贵的木材、雕刻精美的栏杆和柱子、用黄金和碧玉制成的装饰件。皇家园林的修建极尽奢华，人工湖、假山和珍禽异兽应有尽有，常举办狩猎与宴请活动，成为汉代艺术的主要题材。

　　中国古代建筑在汉代已具备完整的结构和材料体系，建筑装饰的图案更为丰富，包括文字、动植物、人物和几何纹样等，体现出等级和地位的同时，也象征着方位和平安等特殊寓意。图案被彩绘或雕刻在瓦当、地砖、柱子、门窗和屋顶等多个部位（图2-20）。自佛教于东汉末年传入后，佛寺、石窟和佛塔等佛教建筑艺术随之出现。最早建于汉明帝时代的洛阳白马寺便是中国第一座佛寺，寺内有佛塔。

　　秦汉时期，坐卧具以茵席为主，床榻次之。汉以前，床是坐具也是卧具（图2-21）。至西汉后期，作为坐具的榻出现了，床、榻有别（图2-22、图2-23），后者更矮小。胡床自汉灵帝时期传入中原，是一种类似"马扎"的折叠凳，隋时改为"交床"，唐时添加了靠背，称为"逍遥座"，宋时始有"交椅"，是带有交足形式的折叠椅。漆几、漆案、木案、铜案和陶案等多种材质的几案出现了（图2-24～图

图2-19　甘肃武威出土汉简上的书法艺术

2-26），案的边缘加了拦水沿，可供饮食、读书和写字使用。
此外，屏风（座屏、榻屏和曲屏）（图2-27）、灯架、奁、盒、
箱柜（图2-28）和镜架等都是这一时期出现的家具品类。秦
汉家具的装饰以涡纹、菱形纹、云纹、人物、祥禽瑞兽纹等图
案为主，题材与画像石、画像砖、壁画等一致，色彩以红黑为
主。装饰工艺采用白描、针刻、螺钿、堆漆等。

图2-20　汉瓦当

图2-21　河北望都二号汉墓平台石床

图2-22　河南郸城汉墓榻

图2-23　山东安邱汉墓画像石小榻

图2-24　长沙马王堆西汉墓彩绘木几

图2-25　甘肃武威汉墓木案

图2-26　云南江川汉墓出土铜祭案

图2-27　河北定县汉墓透雕玉座屏

图2-28　盝顶式箱

魏晋南北朝时期

图2-29 南朝 张僧繇《五星二十八宿真形图》局部

图2-30 顾恺之《洛神赋图》

　　魏晋南北朝是继春秋战国后思想史上最为活跃的时代，佛教及玄学的兴盛影响了艺术的发展。随佛教传入的佛像和经变画等新题材，以及色彩和晕染等新技法，为中国艺术家们打开了更为广阔的创作天地，尤其表现在人物肖像画方面。张僧繇发展的"没骨"画法就是利用色彩和晕染方法来代替轮廓线，将中国绘画形式中的"线"突破为"面"（图2-29）。

　　六朝时期是中国第一个产生艺术批评和审美，产生文人画家和书法家，产生私人收藏家的时代。谢赫《古画品论》是艺术批评的重要文献。他从中提到品鉴画作和画家的"六法"，包括"气韵生动""骨法用笔""应物象形""随类赋彩""经营位置"和"传移摹写"。宗炳的《山水画序》谈论了道与山水画创作

图2-31 莫高窟 北魏《鹿王本生图》局部

的关系。

　　文人画家的审美理想在这一时期逐渐由政治转向对人的性情、气质、格调等精神风貌的追求。美的自觉引发了艺术的自觉，绘画也摆脱功利成了独立的艺术形式。❶人物画的重神轻形、山水画的独立成科、花鸟画的萌芽等都是玄学思想在艺术发展中的体现。顾恺之以肖像画著称，也是山水画大师，与曹不兴、陆探微、张僧繇并称"六朝四大家"。他笔下的人物形神兼备，绘有《女史箴图》和《洛神赋图》（图2-30）等。伟大的书法家王羲之和王献之活跃于六朝时期。苏立文认为中国书法是一种视觉艺术，其评价标准是美感而非内容。❷

图2-32 魏晋青瓷羊

图2-33 敦煌285窟西魏壁画中的绳床

　　中国的佛教石窟结合了印度石窟文化与汉代崖墓文化的建筑形式。公元3世纪后期开凿的新疆克孜尔石窟是中国最早的石窟寺建筑。北魏的石窟开凿很活跃，雕塑和壁画艺术也随之兴盛，陆续兴建了大同云冈石窟与洛阳龙门石窟。始建于366年的敦煌莫高窟（图2-31）有32个绘有北魏和西魏壁画的洞窟，麦积山石窟中也有魏窟。中国艺术家以独特的线条来表现外来的佛教艺术，龙门石窟中的佛像雕塑就是其中的代表。

❶ 阮荣春. 中国绘画通论 [M]. 南京: 南京大学出版社, 2005.
❷ ［英］迈克尔·苏立文. 中国艺术史 [M]. 徐坚译. 上海: 上海人民出版社, 2014: 111–112.

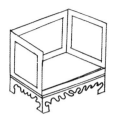

图2-34　山西大同北魏墓屏风榻

图2-35　魏晋高几

《皇后礼佛图》（现藏于堪萨斯城纳尔逊-阿金斯美术馆）是龙门石窟宾阳洞复原后的浮雕，画面中流畅并带有韵律的线条体现了艺术表达中的中国风格。

陶瓷艺术因材料、烧造方式、艺术思想和表现手法的不同，产生了南、北风格。在6世纪下半叶华北地区的早期瓷器中，出现了萨珊王朝金属工业中的圆珠和狮子面具形象。瓷器常见绿色、黄色或橄榄绿釉。南方陶瓷以上虞市和余姚市的青瓷著称。陶瓷艺术发展为一门独立的艺术，它们不再效仿金属制品（图2-32）。

佛教建筑文化虽源于印度，但其建筑布局采用了中国传统民居和宫殿的中轴对称式，而中国建筑基座的须弥座形式来自佛教文化。由敦煌壁画图像可知，建筑装饰中画像砖的图案受到西域文化艺术的影响。莲花、狮子和象等装饰图案也随佛教艺术的输入而出现。

魏晋时期随佛教文化输入的还有绳床（图2-33），原为印度僧侣坐禅入定的坐具。其有靠背、扶手和四个直腿，且四足着地，对中国传统高型家具形制的形成产生了直接影响。升高的床榻（图2-34）、椅子、方凳、圆凳、桌子、几案（图2-35）等相继出现，垂足坐的生活方式逐渐显现。榻的使用已然普及，凭几和隐囊被放置在床榻之上，便于人体依靠（图2-36）。家具装饰色彩明快，其图案也更为写实，题材受到佛教艺术中忍冬纹、莲花纹、云纹、人物纹、世俗动物纹、火焰纹等的影响，采用平涂勾线、退晕、渲染等绘画艺术的手法。

图2-36　南京象山晋墓隐囊与凭几

隋唐五代时期

　　隋代是魏晋南北朝艺术向唐代艺术的过渡时期，佛教艺术进一步发展，壁画和卷轴画开始兴盛。隋代建筑在屋顶、斗拱、立柱和柱础等方面继承了汉代和南北朝的风格，其建筑形制的等级意义并不严格。最早的唐代木构庙宇建筑是建于782年的山西五台山南禅寺主殿。

　　唐代艺术在兼收并蓄中不断发展，但宗教艺术仍是重点。富足安定的社会环境孕育了"富贵艳美"和"皇家图式"的艺术风格。❶体现琼楼玉宇和歌舞升平等的佛国景象成为重点，佛教逐渐世俗化。在新疆、西藏、甘肃、四川等省，以及长安和洛阳等地的石窟寺庙中，雕塑和壁画作品的成果颇丰，艺术创作技巧和水平都有大幅提升（图2-37）。唐代雕塑以线条艺术的表达为主，《昭陵六骏图》是代表性作品。佛像雕塑结合了来自印度的形态和中国的线条艺术，对后来的中国佛教雕塑或雕刻艺术产生了重要影响。

　　在发达的手工业和商业的基础上，唐代染织、陶瓷、金银器和漆器等工艺品的制作也得到进一步发展。日本正仓院收藏了丰富的唐代风格的艺术品，包括家具、乐器、铜镜、玻璃器皿、丝织品、绘画和书法等，装饰风格为彩绘和镶嵌，装饰材

图2-37　莫高窟第45窟 盛唐 阿难雕塑

图2-38　唐三彩

❶ 孔见. 中国书法艺术通论 [M]. 北京: 人民出版社, 2011.

图2-39 吴道子《天王送子图》局部

图2-40 杨耀据唐宫中图复原圈椅

图2-41 敦煌莫高窟85窟壁画中的方桌

图2-42 唐《伏生授经图》中的几案

图2-43 西安唐墓三彩陶榻

❶ 傅抱石. 中国绘画史纲[M]. 北京：北京出版社，2016：213.

料有螺钿、玳瑁和金银。龙凤、植物、鸟等寄托美好愿景的形象成为装饰主题，与宗教相关的纹样也是常用的题材。

唐陶瓷的造型和装饰都借鉴了外来艺术品，例如效仿外来金属壶制成的陶瓷壶，常在白陶上挂多层彩釉，以"唐三彩"陶瓷品类最具代表性（图2-38）。

阎立本、吴道子、周昉等都是著名的唐代画家。吴道子堪称"画圣"，他的"白描"画法奠定了中国绘画在"线"这一表现手法上的基础，形成了"吴带当风"的风格（图2-39）。吴道子认为色彩应服从于线，线的形式、压力、速度和节奏等都足以体现画面的情感和内容，甚至无需色彩。❶唐代建筑气势磅礴、恢弘壮美，建筑的区域划分和等级含义都很明确。建筑屋顶平且深远，屋檐、立柱、墙体和斗拱都有厚重感。

五代出现了禅宗画家，采用水墨画或书法的艺术形式表达佛教主题。贯休大师是著名的禅宗画家，其艺术创作对日本影响广泛。

唐代有了"椅子"这一称呼，高型家具已在上层阶级被使用，有圈椅（图2-40）、方桌（图2-41）、几案（图2-42）、床榻（图2-43）、方凳（图2-44）、月牙凳、坐墩（图2-45）、柜（图2-46）和屏风等多个品类。佛教文化中的须弥座影响了中国早期家具形制的发展，其壶门束腰部分是带壶门装饰的箱形家具的来源。随着壶门的简化和马蹄足的形成，逐渐演化为后来的明式"束腰"家具，唐太宗像中就绘有带束腰的椅子。方凳坐面边缘为方中带圆的曲线形，采用壶门装饰和如意形角牙。月牙凳坐面为月牙形，雕刻花朵纹样（图2-47）。坐墩受佛教莲花座影响，多为腰鼓式，称基台或荃蹄。

唐代的家具风格华丽富贵、造型浑厚且体量偏大。装饰图案饱满，常采用卷草纹、宝相花、团花、莲花、牡丹、绶带、人物等，还有外来的联珠纹、西番莲纹、葡萄纹、石榴纹。家具装饰工艺以彩绘、雕刻、螺钿、金银平脱、髹漆、刺绣等为主。

五代开始，家具能够按照使用功能进行完整分类，包括坐具、卧具、承具、凭具、庋具、屏具（图2-48）、架等。五代风格与唐不同，整体呈现简洁秀雅的气质。从《韩熙载夜宴图》（图2-49）中可知，五代时期的高型家具生活方式基本形成。

图2-44　卫贤《高士图》中的方凳

图2-45　西安王家坟出土的唐三彩俑坐墩

图2-46　西安唐墓中的三彩钱柜

图2-47　唐画《内人双陆图》中的月牙凳

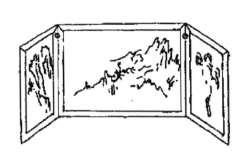

图2-48　五代《重屏会棋图》中的折扇屏风

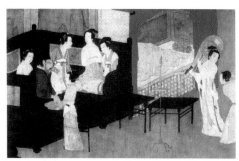

图2-49　《韩熙载夜宴图》局部

宋辽金时期

　　文人绘画兴起于北宋并逐渐主流化，后来发展为重抒情写意而忽略绘画本体的艺术表现方式。宗教艺术在宋代更为贴近民生和世俗，民间绘画则以风俗画为主，以张择端的《清明上河图》为例，它是中国现实主义绘画的长卷代表（图2-50）。这种长卷形式的流行使南宋前后的艺术创作和鉴赏有了新的发展，散点透视法使画面突破时间和空间，满足了复杂主题与大场面创作的需要。在绘画技法方面，水墨山水画在宋时期走向成熟，郭熙在《林泉高致集》里提出影响深远的山水画理论，如高远、深远、平远的三远构图置景法。在顾恺之和吴道子的基础上，李公麟的《五马图》（图2-51）进一步探索了"线"的全新用法。宋徽宗曾于1104年设立了画院，他本人擅长花鸟画，体现出丰富细

图2-50　宋 张择端《清明上河图》局部

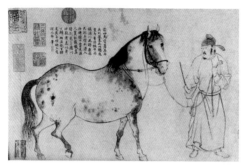

图2-51 宋 李公麟《五马图》局部

图2-52 宋 汝窑瓷器

腻的线条，例如《竹雀图》。宋代的院派画风后来与禅宗画风融合起来，后者借鉴了前者对细节专注的表现手法。

在理学思想的影响下，宋代建筑和家具都体现出内敛、克制、秩序和自省的艺术表现和风格。《营造法式》对建筑的设计思想和土木工程起到了重要的指导作用。砖瓦技术的成熟丰富了建筑的装饰，门窗也应用了更丰富的图案，且开启方式灵活。

辽、金推崇佛教，山西应县佛宫寺的八面塔、上华严寺和下华严寺等都是这些时期的宗教建筑。辽代的雕塑是现实主义风格的，继承了唐代艺术的传统，但也发展出了自我风格，尤其体现在木质和泥塑雕像上。

宋代陶瓷艺术成就名扬内外，是宋代审美与艺术水平的极致体现，以汝窑、官窑、哥窑、钧窑、定窑等五大名窑出产的瓷器最具特色。汝窑以青瓷为主，胎底较薄，釉层教厚，以"釉色天青""蟹爪纹""香灰色胎"等纹理为特色（图2-52）。官窑为素面，多有弦纹，以紫口铁足为特色。哥窑利用烧造时釉面开裂的纹路作为装饰，有"铁线"和"金丝"等纹路。钧窑因色彩丰富在五大窑中独树一帜，多见玫瑰紫、海棠红、葱翠绿等，色彩间彼此相融、相互映照（图2-53）。定窑为白

图2-53 宋 钧窑瓷器

图2-54 《高僧观棋图》中
的桌子

图2-55 《五学士图》中
的高几

瓷，结合印花、刻花和划花等手法装饰。辽和金的陶器工业也较为成熟。辽代陶瓷艺术结合了宋磁州窑和唐三彩釉的风格，遗存有鸡形壶、皮囊和敞口瓶。

宋代普遍使用了家具的束腰作法，由箱式结构逐渐转为以榫卯接合的框架结构为主。马蹄足、云头足、蚂蚱腿、牙板、罗锅枨、矮佬、霸王枨、托泥、侧脚、收分等都已采用。家具的种类更多了，还出现了琴桌、棋桌、宴桌和花几等，但床榻仍无围子，需配合凭几和隐囊使用（图2-54～图2-58）。另外，南宋黄伯思的《燕几图》也向我们展示了那个时代先进的组合家具设计理念。辽金家具风格以雄浑和奔放为主，造型上采用曲线，注重家具的装饰（图2-59）。

图2-56 《蕉荫击球图》中
的交椅

图2-57 河北巨鹿宋墓中的
靠背椅

图2-58 河南白沙宋墓壁画
中的镜台

图2-59 山东高唐金代墓壁
画中的盆架

元明清时期

元是民族大融合的时代，艺术中融合了蒙古、维吾尔、通古斯和突厥等民族的风格，显得粗犷和自由。由于汉族文人在政治上不得志，他们或受歧视或不愿与元政府合作，只能将精神与情感寄托于书画艺术，也因此推动了文人绘画的发展，出现了著名的水墨山水"元四家"：黄公望、倪瓒、吴镇、王蒙。魏晋南北朝之后，坚韧而高直的竹子再度成为元代艺术家偏好的主题，它们象征着试图远离蒙古朝廷的文人品性，倪瓒和赵孟頫都是画竹的高手。元代的绘画中开始出现文学和书法，被称为"三绝"（诗、书、画）的艺术形式，以倪瓒和吴镇（图2-60）的作品为代表。明清之后，又在以上三者的基础上增加了篆刻印章，堪称"四绝"。

图2-60 吴镇《墨竹谱》

图2-61 元青花罐

元代建筑在整体外观上承袭了唐代雄伟壮丽的气质，但在细节处理上体现出宋代建筑精细雅致的风格。

1369年，景德镇设立官窑，工匠们以刻花、绘花和制模工艺来装饰陶瓷制品，例如枢府瓷。花草、莲叶、凤凰等是这些瓷器的主要装饰题材。釉下红彩技术常见于梨形的瓷瓶，釉下再绘花草纹或云纹。至15世纪，釉下蓝彩技术出现，青花瓷诞生了（图2-61）。元代瓷器还出口到近东地区，器形以当地需

图2-62 山西文水元墓壁画中的抽屉桌

图2-63　罗锅枨方桌

图2-64　唐寅《立石丛卉图》

图2-65　明珐琅云鹤寿字纹大碗

求为主。它们装饰繁复，以近东纹样，中国的龙纹、莲花纹和卷云纹为主要题材。

元家具沿袭了辽金的风格，常用曲线形构件，如罗锅枨和倭角等，也常见倭角线形成的开光（图2-62、图2-63）。元家具体量大且厚重，装饰饱满而繁复。带抽屉的床和交椅是元时期的代表性家具品类。

在明政府的遏制和打压下，明代艺术失去了元时自由活跃的环境。画院制度恢复，为政治服务的"院体"绘画在宋代院画的基础上重又兴起，后又受到浙派绘画的影响，形成了严谨、细致、豪迈的特色，经历永乐、宣德、成化、弘治等时期达到高峰，至嘉靖和万历以后式微。嘉靖后，以沈周、文徵明、唐寅（图2-64）和仇英为代表的"吴门画派"在苏州崭露头角，对明代中后期艺术的影响长达百年。此外，董其昌的"松江派"、赵左的"苏松派"和沈士充的"云间派"等都是文人画中较为重要的画派。

明代漆器多采用"剔红"技艺，以花草和其他图像装饰，有着丰富而精致的细部表现。景泰蓝和画珐琅是明清的两种珐琅工艺。明代的景泰蓝制品（图2-65）在装饰纹样的设计上创意十足，但清代归于程式化。画珐琅由陈忠信于17世纪早期引入中国，并在清代的瓷器、金属器、玻璃器上多有应用。青花瓷艺术和制作技术在宣德年间取得了最高成就，有盘、高足杯、罐和扁壶等器形，采用荷花、藤叶和菊花纹样的装饰题材。明代的青瓷、景德镇白瓷、磁州瓷、青白瓷和德化瓷等都有出口，对东南亚一带的陶瓷产业影响深刻。

清统治者一方面倡导儒学为正统，推崇程朱理学，对汉族文人实施怀柔政策，另一方面以高压政策限制文人的自由发展。清初"四王"的绘画是这一艺术创作氛围的体现。他们避免思想上的主观创新，以仿古、复古和崇古为目的，多关注传统艺术的风格、笔墨和技巧等形式表现，顺应清统治者的需求。但仍有一些抗争形式主义的画家坚持自己的现实主义创作之路，例如梅清、石涛等。康熙设立宫廷作坊用来生产瓷器、漆器、玉器、玻璃器、珐琅器、金银器（图2-66）、家具等，各地的作坊也都具备绝活。例如，北京和苏州擅长刻漆和雕漆，福州和广州的作坊髹漆工艺更好（图2-67）。

图2-66　清银茶壶

图2-67　清黑底描金风景画漆木盒

明万历时期，欧洲传教士就进入中国，他们将传教与科学知识、艺术思想等的传授结合起来，便于中国人学习和接受。利玛窦、南怀仁和汤若望是其中的代表。欧洲艺术作品和艺术创作技法也随之进入中国，甚至传教士画家直接任职于清宫内，例如郎世宁，他将西洋油画的透视、明暗技法和中国水墨画结合，还创新性地以中国画工笔绘法实现了西洋画的立体感（图2-68）。18世纪中叶开始的一百多年里，广州外销画随着中外贸易的繁荣而兴盛。这期间，以英国画家乔治·钱纳利（George Chinnery）为代表的西方职

图2-68　郎世宁《十骏犬图之苍水虬》

图2-69 李渔在《闲情偶寄》中设计的暖椅

图2-70 黄花梨灯挂椅

图2-71 黄花梨四出头官帽椅

❶ 王世襄. 明式家具研究
[M]. 北京: 生活·读书·新
知三联书店, 2007: 12-13.

业画家或业余画家都驻足广州，他们带来的西方绘画技法影响了一批中国艺术家的创作，关联昌就是其中一位。他的作品融合了西方洛可可与中国工笔画的技法和风格。中国外销品贸易的频繁带动了中西的艺术交流，进一步影响到家具设计。

明清建筑依然体现出鲜明的等级意识。帝王宫殿、坛庙建筑的布局和尺度等都是皇权与宗法制度的集中体现。园林建筑是明清时期的一大特色。苏州、扬州、杭州等地相继建起一批文人或宦官园林，有怡园、拙政园和狮子林等。厅、堂、亭、楼、廊、舫等园林建筑随之兴起，促进了室内家具的发展和相关著作的诞生。计成的《园冶》展现了他的园林艺术与设计思想，文震亨在《长物志》中提到了室内陈设与家具设计。此外，清时期修建的颐和园、承德避暑山庄和圆明园等皇家园林及其建筑更为瑰丽夺目。

明清两代的文人充当了家具设计师的角色，他们善于将实用与艺术结合。王世襄先生在《明式家具研究》提到，家具的制造者有一部分是"学士名流"，他们设计出有别于传统明式风格的清式家具，刘源、李渔（图2-69）和释大汕三人是其中的代表。❶

明嘉靖、万历到清康熙、雍正时期的两百多年里，中国古家具的品类、数量、使用功能和艺术价值等都达到了巅峰，这类家具被统称为"明式家具"。明式家具的类型已经很完备了，分为椅凳类、几案类、橱柜类、床榻类、台架类、屏障类（图2-70～图2-77）。明式家具以硬木类家具最为经典，明代上层阶级的家具以选材考究和工艺精湛著称，采用紫檀、花梨、鸡翅木、铁力木等珍贵材料。装饰图案以动植物、人物、几何纹、器物等元素为主。

图2-72　明黄花梨圈椅

清家具分苏作、京作和广作，常采用植物、人物、动物等表达多吉祥、多子、福寿、飞黄腾达之意的图案进行装饰，并结合雕刻、镶嵌、绘画、髹漆等装饰工艺（图2-78～图2-80）。

中国漆家具早在15世纪就被输出欧洲，得到了欧洲贵族们的欢迎。17～18世纪，中国的填漆家具和描金家具贸易再一次影响了欧洲的室内和家具装饰风格，也将巴洛克和洛可可风格带入中国，波及了清末的广作家具以及后来的民国家具。通过浮雕、高雕、通雕、圆雕和线刻等手法，广作家具的装饰呈现出很强的立体感和空间感，能够看出巴洛克风格的影响。而洛可可风格的影响体现在广作（与其他保持一致）家具的透雕、大理石和螺钿镶嵌等装饰上。

图2-73　明黄花梨方凳

图2-74　黄花梨硬屉交杌

图2-75　黄花梨霸王枨马蹄腿束腰方桌

图2-76　明黄花梨三面围子榻

图2-77　明黄花梨方角柜

图2-78　清镶大理石太师椅

图2-79　清竹丝镶玻璃博古格

图2-80　清紫檀漆面圆转桌

下篇

艺术家、设计师与现代家具
——看艺术的创意如何影响家具设计

第三章
亨利·凡·德·维尔德、弗兰克·劳埃德·赖特、查尔斯·雷尼·麦金托什、埃利尔·沙里宁

在沃尔特·格罗皮乌斯之前的欧美现代设计先驱大师中，最具代表性且影响最大的当数比利时的亨利·凡·德·维尔德、美国的弗兰克·劳埃德·赖特、苏格兰的查尔斯·雷尼·麦金托什和芬兰的埃利尔·沙里宁。除了身兼建筑师、设计师、规划师、教育家之外，这四人还有一个共同点：他们都是一流的画家。高深的艺术修养和多样化的艺术创意使他们的建筑与设计作品能够冲破传统的藩篱而开创现代设计的先河。维尔德早年是一位优秀的职业艺术家，随后转入装饰艺术、室内设计和工业设计，同时投身设计教育，创办设计学院和参与创立德意志制造联盟。他慧眼识才，曾推荐格罗皮乌斯创办包豪斯。赖特因建筑成就位列现代建筑五大师之一，但他同时兼任现代设计先驱大师的角色，以其卓越的绘画修养和丰富的艺术收藏开创美国现代建筑与家具设计的新纪元。麦金托什是英国近现代最优秀的水彩画家之一，后来又受到欧洲古老的凯尔特艺术和日本艺术的影响，并由此发展出别具特色的家具风格，对欧洲大陆设计界尤其是包豪斯影响很大。沙里宁（老沙里宁）是北欧建筑学派的鼻祖，也是世界城市规划理论的开创者，更是一位伟大的画家。老沙里宁的绘画作品是其早期民族浪漫主义和后期现代主义风格设计的灵感来源和创意依托。更重要的是，老沙里宁用艺术引领设计的理念教育和培养了一大批欧美现代设计的栋梁之才，如查尔斯·伊姆斯、埃罗·沙里宁、哈里·伯托埃等。

图3-1 亨利·凡·德·维尔德

图3-2 保罗·西涅克作品

图3-3 乔治·修拉作品

亨利·凡·德·维尔德(Henry van de Velde)(图3-1),1863年出生于比利时安特卫普,是比利时画家、建筑师、室内设计师、工业设计师、教育家和艺术批评家,与维克多·霍尔塔(Victor Horta)、保罗·汉卡(Paul Hankar)并称为比利时新艺术运动的主要奠基者和代表人物。维尔德曾在著名的安特卫普皇家艺术学院学习绘画,师从查尔斯·沃兰特(Charles Verlat),3年后又前往巴黎追随卡罗勒斯·杜兰(Carolus-Duran)。在执著于绘画期间,维尔德受到保罗·西涅克(Paul Signac)(图3-2)和乔治·修拉(Georges Seurat)(图3-3)的影响,吸收了新印象主义的思想和理念。1886年左右,维尔德先后加入并参与创办了几个以安特卫普为中心的艺术团体。新印象派艺术家团体是其中一个,维尔德与他们一起展出作品。他还频繁接触荷兰艺术,与一些荷兰画家私交甚好,如画家西奥·凡·里斯尔伯格(Théo van Rysselberghe)(图3-4)和雕塑家康斯坦丁·莫聂耳(Constantin Meunier)。

1892年,他将精力从绘画转入了装饰艺术和室内设计,涉及金银器、陶瓷(图3-5)和刀具、地毯和织物等。在英

国和美国工艺美术运动的影响下，维尔德设计
了自己的住宅、室内装饰和家具。约翰·拉斯
金和威廉·莫里斯的思想为维尔德带来灵感，
他反对抄袭历史风格，呼吁原创设计。维尔德
是第一个将曲线引入建筑和家具的设计师。
1894年，维尔德出版了《艺术宣言》。1907年，
维尔德又出版了《新风格》。在维尔德的作品
中，艺术总是占有引导地位。20世纪20年代，
他的设计受到现代建筑师的影响，逐渐走向功
能主义。

图3-4　西奥·凡·里斯尔伯格作品

　　19世纪与20世纪之交，比利时首都布鲁塞
尔在设计史上占据着重要的地位。维尔德的足
迹遍及比利时、法国、德国和荷兰，但他职
业生涯的大部分时间都在德国渡过，他对20世
纪初的德国设计产生了很大影响。1899年，维
尔德在德国魏玛定居，1906年被魏玛大公任命
为艺术顾问，并于两年后将魏玛市立美术学校
改建为市立工艺学校，也就是包豪斯的前身。
维尔德之后推荐沃尔特·格罗皮乌斯（Walter
Gropius）担任包豪斯校长。维尔德还是德意志
制造联盟的创始人之一。

　　维尔德致力于推广"工艺与艺术结合"的
理念。他曾在德国慕尼黑和德累斯与人合办"工
业艺术装饰营造工场"，鼓励艺术家与手工艺
人合作展开设计。1902年，维尔德又在魏玛办
了"私人工艺美术讲习班"，从艺术的角度为工
匠和工业家们讲解创新创业的思路。1914年，

图3-5　维尔德的陶瓷设计

图3-6 维尔德设计的桌子

图3-7 维尔德设计的餐椅

图3-8 维尔德设计的休闲椅

在德意志制造联盟年会上，维尔德与穆特修斯就设计是否标准化的问题产生争辩，这一事件是现代设计史上两种重要发展方向的正面冲击。维尔德无疑是反对标准化的，认为标准化将束缚艺术家和设计师的个性和创造力，令创作千篇一律。但另一方面，维尔德又提倡设计师必须保持理性，主张艺术与技术的结合，反对纯艺术。他提出了技术第一性原则，认为理性的结构原理才能产生具有实用美的设计。维尔德用自己对艺术、社会和机器的感悟来完善工艺美术运动的思想。他不反对机器，甚至认为机器的合理使用能够激发设计与艺术的创造性。1895年，维尔德为萨缪尔·宾格（Samuel Bing）的巴黎画廊设计了四个样板间。1897年和1898年，他在布鲁塞尔和柏林成立了公司，制作和出售他自己设计的家具和其他物品。与其他新艺术设计相比，维尔德的家具去除了不必要的装饰，动感的线条更简洁，家具外观有棱角且注重对称，常被赋予一种情感，与他的建筑设计风格很像（图3-6~图3-8）。虽然维尔德提倡用机器来生产优质的产品，但他的作品都是手工的，只有富人才能消费得起。1899年，维尔德的家具目录以法语和德语印刷成册。

第一次世界大战时期，维尔德离开魏玛回到比利时。之后，他又陆续在瑞士居住了2年，在荷兰度过了6年时光。1926~1936年，维尔德进入根特大学承担教职，讲授建筑和应用艺术。1926年他返回布鲁塞尔，开始了事业的另一段辉煌时期。维尔德人生的最后十年是在瑞士平静度过的。晚年，维尔德写了他的回忆录《我一生的故事》，出版于他过世后的1962年。

倘若没有维尔德等人和德意志制造联盟的推动，直到1914年第一次世界大战爆发，都没有所谓的"德国风格"。

弗兰克·劳埃德·赖特（Frank Lloyd Wright）（图3-9）

是美国建筑师、室内设计师、作家、教育家。他也是草原风格建筑运动的先锋人物，发展了建筑上的"美国风"。赖特的职业生涯十分漫长，超过70年。他陆续接触了超过1000个项目，其中532个完工，包括住宅、教堂、学校、摩天大楼、酒店、博物馆等类型。赖特所信奉的设计哲学强调人与环境的和谐相处，他认为当建筑内部的人与外部的环境达到和谐时，建筑的功能才真正体现出来。赖特提出"有机建筑"的概念，流水别墅是他有机建筑设计的代表，被称为"美国建筑史上空前的优秀作品"（图3-10）。赖特会为自己的建筑进行室内设计，包括家具。赖特一生著述颇丰，有多达20本的著作，其中的很多文章也风靡美国和欧洲。赖特于1991年被美国建筑师协会授予"最伟大的美国建筑师"称号，他与沃尔特·格罗皮乌斯、勒·柯布西耶（Le Corbusier）、密斯·凡·德·罗（Ludwig Mies Van der Rohe）并称四大现代建筑大师。

图3-9 弗兰克·劳埃德·赖特

图3-10 流水别墅

赖特1867年出生于美国威斯康星州里奇兰中心的一个农庄。他的父亲是音乐家和传教士，常与自己的孩子们分享音乐的快乐。1876年，赖特的母亲在费城百年展上为儿子带回一套名为"福禄贝尔的礼物"的积木，由教育家福禄贝尔设计。这套积木包含了很多几何形体的单元，可以被任意组合，是赖特儿时的最好陪伴。据赖特回忆，类似这样的训练对他今后的设计理念影响深远。这些方体、球体和三角形形体的枫木积木，仿佛至今仍然被他在指尖摆弄。

1978年，赖特举家迁往麦迪逊，他利用暑期在劳埃德·琼斯农场做短工，美丽而神奇的大自然给他留下了深刻的印象。尽管没能从麦迪逊的高中毕业，赖特仍以理科特招生的身份被威斯康星大学录取，去那里攻读建筑。然而，赖特在大学也只读了一学年，就迫不及待地进入芝加哥的建筑事务所工作。在短暂的一学年里，赖特在艾伦·D·考诺威教授的建筑事务所兼职，也为斯普林格林的希尔斯比工作过。

彼时的芝加哥，在经历了大火后，还面临着人口暴增的局面，产生了大量的建筑需求，赖特并不为找不到工作而发愁。虽然只在校学习了建筑基础课程，但凭借优秀的建筑图绘制能力，赖特先后在芝加哥的多个建筑事务所工作，并于1889年进入路易斯·沙利文的Adler&Sullivan建筑事务所。赖特极具天赋，历经五年就从普通绘图员晋升为首席绘图员，赢得了"路易斯·沙利文之笔"的美誉。沙利文十分看重赖特，两人甚至情同父子，但最终因赖特的雇佣合同问题而分崩离析。离开沙利文的事务所之后，赖特在沙利文设计的位于芝加哥伦道夫街道的希勒大楼的顶层创建了自己的工作室。1896年，赖特工作室又搬进了附近新落成的施坦威大厦。Loft式的办公空间让赖特有机会与更多建筑师共事，他们是罗伯特·C·斯宾塞（Robert C. Spencer），麦伦·亨特（Jr., Myron Hunt），和怀特H·伯金斯（Dwight H. Perkins），这些人都受过工艺美术运动和沙利文设计哲学的影响。1911年，赖特在威斯康星州的斯普林格林设计建造了一栋住宅兼工作室的建筑，称其为"塔里埃森"。1938年，他又在亚利桑那州的斯科茨代尔建造了"西塔里埃森"（图3-11）。塔里埃森也是赖特与追溯者或学员们共同学习、工作和生活的地方。在塔里埃森时期，赖特曾聘请大量的建筑师和艺术家一起工作，例如亚伦·格林（Aaron Green）、保罗·索莱里（Paolo Soleri）、约翰·劳特纳（John Lautner）、亨利·哥伦布（Henry Klumb）和费依·琼斯（E. Fay Jones），他们之后都成为业界响当当的人物。捷克出生的建筑师安东尼·雷蒙德（Antonin Raymond）也是其中之一。他早年在塔里埃森为赖特工作，主导了东京帝国酒店的结构设计，后来留在日本开展自己的建筑事业，被称为日本现代建筑设计之父。

赖特因"草原"类实验性建筑声名远播，有"草原房屋""草原学校"等，希考克斯住宅和布兰德利住宅是其中的代表作品，象征着赖特从早期风格向草原风格的转变。这些建筑的独特外形和高超品质引起了人们的关注，被称为"草原风格"。"草原"这一词语第一次出现在1901年2月的《妇女家庭杂志》。受柯蒂斯出版公司主席爱德华·波克（Edward Bok）之邀，该刊将赖特的作品视为促进现代住宅设计的一个案例。《草原镇的住宅》和《有很多房间的小型住宅》等文章分别刊登在1901年的2月和7月刊上。1909年后的很长时期里，赖特因私人或家庭问题陷入了职业发展的低潮，作品量骤减。1935年建成的流水别墅为他的事业带来了新一阶段的辉煌，同时被媒体和大众推崇的作品还有宾夕法尼亚州的埃德加·J·考夫曼乡村小屋，威斯康星州庄臣公司行政大楼，以及威斯康星州的号称"美国风"的赫伯特·雅各布住宅。

除了建筑师的身份外，赖特也是活跃的日本艺术品商人，以日本浮世绘版画销售为主。赖特为自己设计的住宅提供艺术装饰品。对同一个客户来说，赖特既是建筑师，也是艺术品销售者。赖特也是当之无愧的日本版画收藏者，并将它们作为给学员授课的内容，这种授课方式常被戏称为版画聚会。1905年，首次踏足日本的赖特一下就买了几百幅版画，他就干脆在芝加哥艺术协会组织了世界第一场安藤广重的作品回顾展。在很长时期里，他都是日本艺术圈子里的常客。赖特将大量的日本艺术作品卖给了当时的大收藏家们和大都会艺术博物馆这类机构。1912年，他写了一本关于日本艺术的书。

赖特的设计也深受日本版画艺术的影响，包括安藤广重

图3-11 西塔里埃森

图3-12 安藤广重作品

图3-13 赖特设计的织物

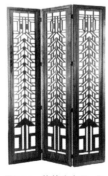

图3-14 赖特为大卫·D·马丁住宅设计的屏风

（图3-12）、葛饰北斋、歌川丰国、铃木春信和鸟居清长等人的作品。这些作品的韵律协调、构图平衡、图形与平面达成高度契合。他认为日本版画是结构性的、有机的形式，各部分间以某种特定的原则、方法或规律组成一个整体。几何学是日本版画的美学框架和客观存在。日本画家通过掌握形式中几何学的构成本质，进而把握形式本身。他们可对几何元素进行任意重组。日本画家还善于将主题进行戏剧化和样式化的处理，在色彩上不喜用明暗的强烈对照，而倾向于柔和的色调。赖特呼吁设计师要有自然的情感，推崇日本艺术家与自然之间的和谐相处（图3-13、图3-14）。他提及日本艺术家是训练有素的观察者，有敏锐的捕捉力。他们研究事物及其周围的环境，试图掌握事物特性并抽离特征，逐渐形成了以显露本真为目的，以去除不必要因素为手段的创作手法。

在赖特眼中，自然是设计灵感的源头，为设计提供了无限的资源与内容，能够丰富艺术创作的思维，提升人们的审美。自然物体现出一种形式与功能的关系，能够引导设计师对"有机"概念的理解和把握。日本艺术就是与大自然联系在一起的。设计师们应该去树林和田野中寻找那些温暖的、积极的、适用性强的颜色。每项设计都如同一件自然物，应依据自己的个性去成长，与周围的环境和谐相处并适应它们。设计应尊重材料并让材料的特性得到极大发挥，装饰应与结构相匹配。

图3-15 芝加哥罗比住宅室内与家具设计

另外，赖特认为只有在机器中才能找到艺术和工艺。机器是传统艺术和未来艺术的界限，它解放了人类劳动力，是实现民主的基础。以材料为例，机器可通过切割、打磨、塑形等工艺轻而易举地充分利用木材，展现木材的天然纹理和色泽，并以低廉的加工成本满足大众的需求。现代机器解放了木材长久以来在传统加工工艺中遭受的"滥用""折磨"甚至"虐待"。❶

图3-16 为东京帝国酒店设计的Peacock椅

赖特一生的设计主要有两个方向。一是受沙利文影响的以简洁几何形和水平线条为主的设计；二是相对传统的设计，主要面向保守的客户。赖特认为建筑的所有部分必须是一体的，它们属于和影响彼此，对整体毫无意义的部分是不应该存在的。照明、家具、供暖等都属于建筑整体的一个部分（图3-15、图3-16）。赖特的建筑外观是依据内部空间的需求形成的，设计以满足基本需求为原则，常去掉不必要与无用的元素，呈现出功能化的简约。他谈道："简化的事物不一定都很简单，但是简单的事物却是在目前的情况下，我们中的大多数人从精神的考虑出发实际应该拥有的东西""真正的装饰并不是指美化外表。它应有机地与自己所装饰的结构相结合，无论那是一个人、一座建筑或是一座公园"❷因此，在可能的情况下，赖特都会设计自己建筑内部的家具，也只有当我们走进或者居住在赖特设计的建筑里，才能真正感受到其中的家具带给我们的美妙体验。

赖特的家具创作经历了现代设计发展的不同阶段。1897年，赖特参与创办芝加哥工艺美术协会，以推动美国工艺美术

❶ ［美］弗兰克·劳埃德·赖特. 建筑之梦［M］. 于潼译. 济南：山东画报出版社，2011，6：85.

❷ ［美］弗兰克·劳埃德·赖特. 建筑之梦［M］. 于潼译. 济南：山东画报出版社，2011，6：169.

图3-17　赖特为塔里埃森设计的Barrel椅

图3-18　赖特为塔里埃森设计的长桌

图3-19　赖特为塔里埃森设计的灯具

图3-20　赖特设计的办公椅

运动的发展。之后，赖特转而推崇机器在生产和加工方面产生的颠覆性作用，他在晚年设计的家具都是以大工业生产为基础的。1909年，赖特设计了塔里埃森的全部家具（图3-17~图3-19）。他于1955年设计的塔里埃森家具也是基于批量生产的。赖特信奉一切以建筑为中心的理念，他的家具是对欧洲"新古典主义"和"历史主义"的反击，"宣言"式的设计意识使他当之无愧地成为现代家具设计的先驱之一。

赖特早期为草原住宅设计的木质椅子和桌子是圆润而纤薄的形态，受到日本传统艺术的影响，以及工艺美术运动设计师古斯塔夫·斯蒂克利（Gustav Stickley）等人的影响。20世纪50年代，他又重新设计了这些家具，为桌子和凳子边缘加上了檐壁元素的装饰，并授权给Henredon公司生产。Henredon创建于1945年，位于北卡罗来纳州的摩根顿。

赖特是现代办公家具（图3-20）领域的先驱者，他对形式和材料的创新乐此不疲，其大部分传世之作都由Steelcase公司生产。赖特为强生公司办公楼设计的办公桌（图3-21）和椅子采用了钢管，有着流线型的外观。赖特为普莱斯塔楼设计的办公桌棱角分明，镀铬的钢制椅子带有底座，坐面和背板都包覆了软垫（图3-22）。

拉肯因管理大楼及家具的设计是赖特对现代主义的最好诠释。赖特为整栋大楼的1800人设计了金属办公家具系统，借鉴了麦金托什-维也纳工坊风格。这些单个基座的金属办公桌被认为是20世纪办公家具的先锋产品。1936年，赖特为强生公司管理大楼设计的开放性办公家具系统引领了潮流，"体现了一种现代商业办公模式"。家具主体由钢管和钢板构成。Steelcase公司在1938年拿到了这些家具的生产权，并将家具的木质台面、钢管框架、坐面包覆等分别委托其他厂家制造，Steelcase则负责钢板生产、家具组装和部件的表面处理工作。赖特的三腿办公椅（图3-23）有效地避免了椅子前腿对使用者产生障碍的问题。椅子坐面和靠背的两面都有软垫，是泡沫橡胶填充的，可以沿轴翻转替换，延长了软垫的使用寿命。这些办公家具的颜色是依据具体部门来确定的。红色是借贷部，绿色是广告部，米黄色是销售部，蓝色是分店记录部。金属框架被漆为切罗基红。赖特为这栋大楼设计了超过40种家具。大楼里的雇员们对这些办公家具都很满意，甚至觉得三腿办公椅很舒服，但就是不稳定，很容易摔倒。

赖特也是第一批设计和装配用户定制电灯配件的建筑师，包括一些落地电灯，还有一些新颖的球形玻璃灯罩。伴随着玻璃工艺和生产技术的逐渐成熟，赖特醉心于对玻璃的应用，认为它能够很好地体现自己的有机设计哲学。玻璃能够让室外的环境映入眼帘，

图3-21　赖特为强生公司设计的办公桌

图3-22　赖特设计的镀铬办公椅

图3-23　三腿办公椅

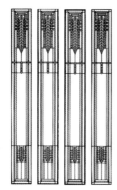

图3-24 赖特的彩色玻璃窗
设计

但又呵护了室内环境（图3-24）。1928年，赖特专门写了一篇关于玻璃的文章。他在草原风格的设计中体现了玻璃应用艺术。除此之外，赖特还会自己设计衣服。他的时尚品位很独特，常穿着昂贵的套装，打着配套的领带，披着披肩。他还对汽车很感兴趣，一度拥有很多辆外国车。

查尔斯·雷尼·麦金托什（Charles Rennie Mackintosh）（图3-25），1868年生于格拉斯哥，是建筑师、室内设计师、家具设计师和艺术家，被称为现代主义设计运动的先驱之一。麦金托什在家中11个孩子中排行老二。他的父亲是当地警察所所长，温柔的母亲深受孩子们爱戴。一家人原本住在格拉斯哥东部帕森街70号的出租房里，于1878年举家搬进了位于郊区的一栋住宅。父亲是一位出色的园丁，常鼓励孩子们加入到他的造园活动中，让年幼的麦金托什与大自然建立了深厚的感情，对他今后有机设计方法的形成产生了潜移默化的影响，启发了麦金托什利用符号语汇来表达自然形式的灵感。

麦金托什出生时便体弱，一只脚先天性肌肉萎缩。童年时代，一场风寒又致使他右眼肌肉永久性下垂。家庭医生建议他应该多尝试户外运动和旅行。因此，全家每年都会外出度假，足迹遍及苏格兰。麦金托什自己也经常到格拉斯哥的乡下去休养身体，他在那里画一切映入眼帘的东西，包括房屋、植物和动物。这些经历让麦金托什从小就深入接触到本土传统文化。

麦金托什儿时就立志成为建筑师，在16岁时就加入了约翰·哈钦森（John Hutchison）的建筑公司。1889年，他又进入约翰·哈尼曼（John Honeyman）和约翰·凯皮（John Keppie）新成立的公司，从事制图工作。这一时期，他逐渐将视野从国内扩展到国际，例如对日本艺术和设计的关注。

图3-25 查尔斯·雷尼·麦金托什

1884年，麦金托什去格拉斯哥艺术学校上夜校，主要学习制图和绘画技术（图3-26）。在此期间，麦金托什凭借制图、绘画和建筑赢得了很多奖项。1890年，他设计的可容纳1000人的公共大厅方案被评选为最佳原创设计，赢得了亚历山大·托马斯旅行奖学金，支持他一路领略了意大利、巴黎、布鲁塞尔、安特卫普和伦敦的各地文化与艺术，并创作了大量的水彩画作品。

1891年，麦金托什被邀请在格拉斯哥建筑协会上发表一篇名为《格拉斯哥豪华建筑》的文章。他在演讲中极力赞美格拉斯哥本地建筑的魅力，并谈到如何让传统价值在当下设计中继续发光。他认为格拉斯哥的传统建筑从本质上看是现代的，它们体现了功能主义和强烈的民族特征。格拉斯哥先驱报社大楼是麦金托什的早期设计，从实践层面体现出传统与现代结合的可能。

麦金托什认为装饰应充当承载内容的符号，而不只是炫技。他个人常用玫瑰图案（图3-27）来表达爱，而象征和平的鸽子图案被用于皇后十字教堂的室内设计中。绘画艺术为麦金托什带来灵感，培养他发展出独特的设计风格。凯尔特人的传统艺术和日本艺术对他的影响都很大。一段时期内，日本文化和艺术在格拉斯哥很流行，反响强烈，引起众多艺术家的推崇。1882年，格拉斯哥公司举办了日本和波斯装饰艺术展。格拉斯哥本土设计师克里斯托弗·德雷塞（Christopher Dresser）在展览上发表了关于日本艺术的演说，这些都给当时才14岁的麦金

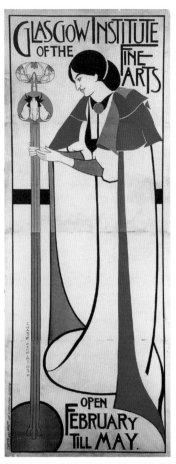

图3-26　麦金托什为格拉斯哥艺术学院设计的海报

图3-27　麦金托什的绘画作品《玫瑰和眼泪》

图3-28 Hous'hill室内的屏风设计

托什留下深刻印象。后来，在麦金托什的作品中，他借鉴了很多日本艺术与设计中的形式和图案。他也采用日本艺术的构图，常利用屏风和木质元素来分割空间（图3-28）。同时，他赞美日本建筑中开敞式平台的功能，将其理念引入自己的很多项目，注重功能集成，或通过纯粹与平衡的手法来实现精神层面的平静与协调。

唯美主义运动也让麦金托什深受启发。唯美主义运动兴起于19世纪后期的英国艺术和文学领域，提倡追求艺术的纯粹形式美，而非附着于世俗和功利。爱德华·威廉·戈德温（Edward William Godwin）、詹姆斯·艾比·马克奈尔·惠斯勒（James Abbott McNeill Whistler）都是唯美主义运动的代表人物。

因共同的理想与观点，在格拉斯哥艺术学校期间，麦金托什与赫伯特·麦克内尔（J. Herber MacNair）、弗朗西斯·麦当娜（Frances Macdonald）、玛格丽特·麦当娜（Margaret Macdonald）成立了"格拉斯哥四人组"。他们于1895年组织的第一次展览获得巨大成功。之后，他们又被邀请参加1896年在伦敦举办的工艺美术社会展，但公众对他们的作品褒贬不一。1894年，麦当娜姐妹创建了工作室，涉及几乎所有的手工艺内容，麦金托什和麦克内尔也会帮忙。四人组的室内设计以精美著称，平面作品玄幻而美妙，很快就因与众不同的特质在格拉斯哥站住了脚，他们的风格被戏称为"幽灵学校"。

1900年，四人组被邀请参加维也纳举办的第八届分离派展览，展览的目的是"探索现代观念的恰当形式"。那个时候，四人组已经名声在外了，《The Studio》和《DekorativeKunst》都对他们的作品进行过报道和宣传。展后，约瑟夫·霍夫曼（Josef Hoffmann）和柯罗曼·穆塞尔（Koloman Moser）对这些格拉斯哥风格印象深刻，并在之后的作品中显露出麦金托什对他们的影响，例如对几何图案、棋盘格和白色表面的应用。

图3-29　Ingram大街茶室"中国"间室内设计

麦金托什在职业生涯中共设计了超过400件家具。麦金托什的建筑、室内和家具也是一体化设计的，对他的设计研究要站在整体的角度来看待部分（图3-29）。他通过功能与精神将各部分联系起来，并且坚信能够通过一种整体方法来实现符号的正确使用，并平衡设计中的对立面，例如现代和传统、阳刚与阴柔、光明与黑暗、世俗与圣洁等。

1898年，麦金托什收到了第一个来自苏格兰之外的项目委托，为《DekorativeKunst》主编H·布兰克曼（H.Bruckmann）设计餐厅的室内，其成果被发表在《The Studio》上。麦金托什设计了一系列深色的嵌入型橱柜和架格，采用了檐壁模件和植物纹样装饰。麦金托什最重要的大陆项目是为亚历山大·柯克（Alexander Koch）设计的一座"艺术爱好者"住宅，这一作品奠定了他的国际地位。

1897年，尽管Honeyman&Keppie建筑公司中标，拿下了格拉斯哥艺术学校的设计项目，但麦金托什的方案被学校校长弗朗西斯·H·纽伯瑞

图3-30　Ingram大街茶室"中国"间椅子设计

图3-31 麦金托什为Argyle
大街茶室设计的高背椅

图3-32 麦金托什为Willow
茶室设计的高背椅

图3-33 麦金托什作品《旺德尔港拉维尔》

（Francis H.Newbery）看中。麦金托什为艺术学校设计了拥有简洁形式的坚固家具，以适应不同的场合。为学生们在走廊设计了嵌入式的长椅。为教员们的住处设计了相对轻盈优雅的家具。

1896~1917年，麦金托什共设计了4个茶室，这些项目基本没有预算的限制和风格的约束，给了麦金托什极大的发挥空间，也由此产生了一些经典设计（图3-30）。他为Argyle大街茶室设计了著名的高背椅，其条形背板顶端有椭圆形装饰板设计（图3-31）。为Willow茶室设计了棋盘格镂空雕刻的高背椅和梯形高背椅（图3-32）。高而直的靠背不仅保留了使用者的私密性，也是长而窄的空间的分割物。

1900年，麦金托什与玛格丽特·麦当娜喜结连理，二人在之后的设计生涯中相互扶持。作为一名优秀的色彩大师，玛格丽特给予麦金托什不可估量的帮助。由于第一次世界大战的影响，麦金托什的建筑与室内设计生意越来越不景气。1922年，麦金托什开始为Walter Blackie设计书籍封面。晚年，麦金托什将全部精力放在绘画上，创作了有关旺德尔港的一系列作品（图3-33）。

埃利尔·沙里宁（Eliel Saarinen）

（老沙里宁埃罗·沙里宁称为小沙里宁）（图3-34），1873年生于芬兰，是北欧建筑设计学派的鼻祖和北欧新艺术运动的代表，也是伟大的画家和世界城市规划理论的开创者。除此之外，他还在室内设计、家具设计和工业设计上颇有建树。老沙里宁的艺术创作来源无疑是北欧设计师们共同的灵感宝库——大自然，而芬兰本民族的艺术传统，乃至欧洲的民族艺术传统对他的影响都是深远和深刻的。

图3-34　埃利尔·沙里宁

　　那个时代，几乎所有的设计都与绘画有关。老沙里宁曾在赫尔辛基大学学习绘画，后于赫尔辛基理工大学攻读建筑设计。他童年生活的地方离俄国圣彼得堡不远，这让他有机会领略大城市的风貌，令他印象很深。由于父亲是牧师，他也因此经常出入修道院。老沙里宁的儿时梦想是成为一名画家。1893年从中学毕业后，老沙里宁进入赫尔辛基技术协会的建筑部门工作。在此期间，他与赫尔曼·格斯柳斯（Herman Gesellius）、阿玛斯·林德格伦（Armas Lindgren）建立了友情，三人后来一起成立了公司，从1896年运作至1905年。老沙里宁接手的第一个项目是1900年的世界博览会芬兰馆设计，他在这一作品中尝试着融合了多种风格，源自芬兰木建筑、英国哥特式和新艺术。

　　老沙里宁的50年职业生涯可以被分为两个部分。在芬兰的25年，他因为民族浪漫主义和新艺术风格的建筑设计奠定了自己的国际声誉。而在美国，老沙里宁又成功扮演了教育家的角色。

老沙里宁的建筑受到英国格拉斯哥学派和维也纳学派影响，集中体现在赫尔辛基火车站的设计上。1912年，老沙里宁加入德意志制造联盟。1922年，因在美国芝加哥塔国际设计竞赛中获得二等奖，他于1923年举家移居美国。老沙里宁先是在密歇根大学建筑系任教，后在乔治·波琪（George C.Booth）的邀请下创办了匡溪艺术设计学院，并担任第一任校长，他陆续为学院做了校园规划、设计了主体建筑。从该学院走出一大批世界顶尖的设计师，例如埃罗·沙里宁、查尔斯·伊姆斯和哈里·伯埃托，老沙里宁的学子遍及北欧和美国。

老沙里宁著有《形式的探索》一书，讲述他对艺术本质的理解。1934年出版的《城市：它的发展、衰败与未来》一书中提到了老沙里宁针对城市规划的著名理论："有机疏散"（Organic Decentralization）。该理论应用于他为爱沙尼亚的塔林市和芬兰大赫尔辛基规划所做的项目。其中，"大赫尔辛基"方案是为芬兰的赫尔辛基新区蒙基涅米-哈加制定一个17万人口的扩展方案。老沙里宁认为，城市危机的表象下隐藏着文化的衰退，城市这个有机体也存在生长和衰败的命运。"有机疏散"对城市的健康和活力具有积极意义。城市机体中的坏死部分将影响整体的运作。城市机体的功能应该被合理划分，例如重、轻工业应疏散到远离城市中心的地方，工业外迁的空地面积用作绿地，生活管理与供应部门随家庭疏散，降低城市中心人口密度等。

20世纪中期，北欧几国的设计成就令世界刮目相看，设计师、艺术家、制造商、艺术组织和政府等都积极参与到优质商品的对外出口中。他们似乎很了解第二次世界大战之后的市场，知道大家都要什么。老沙里宁的家具作品主要产生于去美国之前，是建筑室内一体化设计的成果。他的家具注重功能，装饰与情感相得益彰，提倡以人为本的核心理念。老沙里宁早期受到维也纳分离派的影响，他的设计体现出一种北欧精简手法下的欧洲新艺术风格（图3-35~图3-37）。老沙里宁的设计综合应用文化、材料和形式，考虑艺术、技术、政治与社会的多种因素。他常从传统和现代中吸取形式和材料，借鉴古典风格同时也带上芬兰的乡村风格。其作品既体现本土化，也突出国际范。英国的乌托邦社会主义家约翰·拉斯金（John Ruskin）、威廉·莫里斯（William Morris）和雷蒙德·翁温（Raymond Unwin）都曾对他产生过影响。

图3-35　老沙里宁的蓝椅

1913年，老沙里宁凭借塔林市的城市规划项目赢得国际竞赛的首奖。他还设计过系列邮票和芬兰马克纸币。1934年，老沙里宁为维尔科特斯银器公司设计产品，这款标志性的茶壶在纽约大都会艺术博物馆首次展出。很多年后，这个茶壶频繁亮相于各大展览，例如圣路易斯艺术博物馆的现代展，匡溪艺术博物馆的"匡溪走进荧幕：电影和物品"展。1951~1952年间，该茶壶产品跟随"埃利尔·沙里宁回顾展"走遍全美。老沙里宁于1950年卒于美国密歇根。

图3-36　老沙里宁的餐椅1

图3-37　老沙里宁的餐椅2

第四章

吉玛特·托马斯·里特维尔德

作为现代家具开路先锋的荷兰设计大师吉玛特·托马斯·里特维尔德也是现代建筑发展史上最重要的革新大师之一。里特维尔德与荷兰风格派的联系与结合并非偶然，作为木匠出身的设计师，里特维尔德从小就对装饰艺术情有独钟，直至遇到希奥·凡·杜斯伯格和皮埃特·蒙德里安并加入他们创立的风格派之后，里特维尔德的艺术创意思想迅速成熟并很快转化为家具和建筑作品。里特维尔德的红蓝椅如春雷一般打破欧洲家具的保守面目，其后的施罗德住宅更是风格派艺术理念在建筑中的全方位体现。令人深思的是，里特维尔德的家具和建筑并非一味照搬风格派艺术的基本原则，而是以实用功能和人体工程学为主导，在设计过程中对风格派艺术理念进行灵活修改以适应使用者的功能需求。里特维尔德的创作方式虽引发蒙德里安和杜斯伯格的激烈争议，但对里特维尔德而言，设计师对功能的思考将始终放在最重要的位置。在风格派艺术的个性鲜明的创意原则引导下，里特维尔德的家具设计以艺术与工艺的天然结合为主线，以功能要求为主导，诞生出现代家具史上一个又一个革命性设计案例。

吉玛特·托马斯·里特维尔德（Gerrit Thomas Rietveld）（图4-1）是第一位现代家具设计者，在现代抽象艺术的改革中成就卓著。他于1888年出生于乌得勒支的一个中产阶级下层家庭，是家中第二个孩子，家人是虔诚的喀尔文教徒。里特维尔德的父亲是一位细木工匠，业务涉及家具设计与制作、壁板安装和室内装修。里特维尔德11岁半时辍学去了父亲的工作坊当学徒，所接的第一件任务是为Zuylen城堡的门房设计一些小件家具。他从父亲那里学到很多家具生意经，还包括木工手艺和技巧，例如装饰雕刻、薄板镶饰和法式磨光等。1904年，16岁的里特维尔德进入乌得勒支应用艺术博物馆开办的工业艺术夜校班。乌得勒支的著名建筑师P·J·霍特扎格兹（P·J·Houtzagers）是他的老师之一。他在那里学习了制图、绘画、解剖学、模型制作，以及有关均衡比例和装饰风格的理论知识。里特维尔德在校期间被授予最有前途学生奖，还参与了霍特扎格兹为乌得勒支抵押银行所做的会议室重建工作。里特维尔德的父亲为这个项目提供家具和安装壁板，里特维尔德则用丘比特像、水、火、大地和空气等元素绘制了门楣。建筑师P·J·C·克拉哈默（P·J·C·Klaarhamer）也曾是对里特维尔德产生重要影响的人生导师。

1909～1913年期间，里特维尔德以制图员和模型制作员的身份为卡尔J·A·博格尔（Carel J.A.Begeer）（图4-2）工作，涉及纪念章、银器和

图4-1 吉玛特·托马斯·里特维尔德

图4-2 里特维尔德和其他制图员在博格尔的工作坊

图4-3 里特维尔德为自己
设计的标志

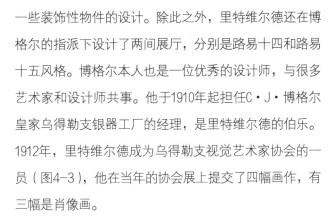

一些装饰性物件的设计。除此之外，里特维尔德还在博格尔的指派下设计了两间展厅，分别是路易十四和路易十五风格。博格尔本人也是一位优秀的设计师，与很多艺术家和设计师共事。他于1910年起担任C·J·博格尔皇家乌得勒支银器工厂的经理，是里特维尔德的伯乐。1912年，里特维尔德成为乌得勒支视觉艺术家协会的一员（图4-3），他在当年的协会展上提交了四幅画作，有三幅是肖像画。

在欧洲"第一机械时代"，艺术家开始关注现代工业材料和工艺流程、功能结构和生产标准等。里特维尔德在1917年开了自己的家具工作室，致力于对家具结构的精简。1918年，他又创建了自己的家具工厂。在受到"风格派"运动的影响后，他尝试改变椅子的色彩，而他本身也于1919年成为"风格派"的一员，让他有了更多在国外举办展览的机会。1923年，格罗皮乌斯邀请里特维尔德在包豪斯展出作品。

1915~1916年，希奥·凡·杜斯伯格（Theo van Doesburg）（图4-4）曾因军事任务驻扎在乌得勒支。他为乌得勒支的艺术爱好者们开办讲座，并与里特维尔德等人结交。战争期间，一些艺术家被迫留在尼德兰躲避战争，杜斯伯格趁机加强了与这些人的联系。1917年，杜斯伯格筹划创办了杂志《风格》（De Stijl）（图4-5），试图塑造一种新的风格和艺术创作的语言。其他创办者还有皮埃特·蒙德里安（Piet Mondrian）（图4-6）、维尔莫斯·哈查尔（Vilmos Huszar）和乔治·万东格洛（George Vantongerloo）等人，里特维尔德是参与者之一。第一期《风格》在1917年10月出版，并在短期内就

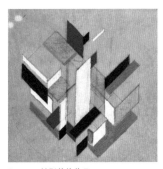

图4-4 杜斯伯格作品

图4-5 《风格》杂志封面（1921年第4卷第1期）

图4-6　蒙德里安作品

赢得了广泛的关注。《风格》杂志的早期宣言为：
"对于时间，这里存在着两种新旧不同的观念。
陈旧的那一个显然与个体意识有关，而新的一个
则与普遍意识有关。"弗兰克·劳埃德·赖特的
建筑理念和形式给予风格派设计师很大启发，他
们用绘画中的人物与背景、雕塑中的实与虚等关
系来诠释这种设计理念。

图4-7　重新涂饰后的1922年版儿童椅（1918年
版是鲜亮的绿色带红色坐垫）

在1919年的《风格》七月刊上，杜斯伯格刊
登了里特维尔德设计的儿童椅。两个月后，《风
格》又对外推荐了里特维尔德的未经涂饰的板条
扶手椅（Slat扶手椅，后来的红蓝椅）（图4-7）。
杜斯伯格一度将Slat扶手椅与乔治·德·基里科
（Giorgio de Chirico）的绘画（图4-8）联系起
来。在《风格》亮相后，里特维尔德几乎一夜成
名。虽然没有为他带来大量的家具订单，但是他
的声誉扩散得很快。里特维尔德的买家多是艺术
爱好者，或者为室内设计寻求家具陈设的建筑师
和艺术家们。

风格派运动主要涉及绘画和建筑领域，但里

图4-8　乔治·德·基里科作品

特维尔德则在家具设计上独树一帜。他曾这样评价自己的家具："对我而言，风格派意味着结构的和谐与统一……当结构和空间臻于完善的时候，功能才能起到它所应该承担的作用。"里特维尔德通过风格派与欧洲其他先锋派人士建立了联系，并很快与他们打成一片。里特维尔德毫不否认自己与风格派成员在理想上的差距，风格派想要确立一种新风格，而他只是想在自我研究上多下工夫。但在潜移默化中，里特维尔德与风格派思想最终产生了交叉和共鸣。他的设计总是围绕"空间"这个主题，革命性的板条扶手椅诞生在他与风格派产生联系之前。里特维尔德几乎没有在《风格》上发表过理论性言论。仅1919年，为了说明板条扶手椅和儿童椅，杜斯伯格刊登了两段里特维尔德撰写的相关文字。

杜斯伯格想通过创办《风格》杂志实现理想，他向组织灌输关于抽象、简朴、几何等艺术或设计理念。杜斯伯格认为：只有摈弃所有的建筑历史主义和绘画风格才能创建新的艺术，声称家具是室内的雕塑，建筑是行走的绘画，观者能够置身并参与其中。《风格》对家具的描述都源于对室内设计的关注。杜斯伯格认为设计不具有独立的原则，他本人推崇建筑、绘画和雕塑的地位。在为里特维尔德的板条扶手椅作推介的同一篇文章里，杜斯伯格将设计归为视觉艺术，认为板条扶手椅是室内设计中的雕塑艺术。在未来的室内，椅子、桌子、橱柜和其他实用物件都是雕塑。

蒙德里安认为建筑等实用艺术用线条和体块等几何形式实现了视觉平衡，是社会个体与普遍意识达到平衡的表现。艺术家直接表现客观世界的欲望和他们的自我表现应达到平衡。只有"平衡"才能创造运动的和谐，并揭示出现实的真实内容，即事物的结构是由它们之间的关系决定的，是可以用抽象的几何形体来表达的。平衡、和谐存在于抽象平衡中。他的理论被命名为"新造型主义"，概括为：构造的基础是水平和垂直的骨架，色彩的根源是红、黄、蓝三原色，要做纯粹造型的绘画。1920年，里特维尔德在写给杜斯伯格的信中提到，他在椅子框架中表现出的清晰而平静的线，是受到蒙德里安作品的启发。除此之外，风格派的其他成员对里特维尔德的影响也不容忽略。画家凡·德·列克（Van der Leck）（图4-9）擅长将形式抽象为红、蓝和黄色的色块，并在周边留下白色背景形成的空间。里特维尔德经常把他的画挂在墙上，静静地欣赏并思考。

图4-9　凡·德·列克作品

从夜校毕业后的几年里，里特维尔德因兴趣做了一把直背扶手椅，采用素面的松木部件和榫卯结构（图4-10）。椅子的扶手连接着前后腿。靠背是皮革，其横向两端用铜钉固定在靠背的框架上，坐面也铺设皮革。该椅具有空前简洁的形式和稳固的结构，不同于当时传统作坊里的家具。与那时期的其他现代设计师不同，里特维尔德采用优质的橡木来做家具，上了黑漆的钉子在保障结构强度的同时，也充当了装饰物。

1918年，里特维尔德设计了板条扶手椅。之后的一年里，他通过给椅腿的横断面部分、板条和扶手涂饰对比色的漆来改进它，红蓝椅因此诞生了（图4-11）。1920年，里特维尔德又进一步简化了该椅，去掉了侧板。里特维尔德希望通过色彩来表现一种清晰的三维形式，他在红蓝椅上实现了这一想法。红蓝椅的框架由长度不等的多个标准铣削木板构成，椅背

图4-10　直背扶手椅

图4-11 涂饰后的板条椅（红蓝椅）

和坐面是矩形胶合板制的。框架中的各部件都伸出节点处一段，是在探索负空间的作用。在里特维尔德和风格派看来，家具是部分的整合，部分又由可见并存在关系的点组成。设计应考虑空间，积极和消极的内容都能成为视觉效果的一部分。横断面色彩的应用让红蓝椅的部件拥有了自己的起点和终点，并且都位于一个无限延伸的线上，进而延展为一个无尽的空间。对里特维尔德来说，色彩是不可侵犯的，色彩是材料和结构的支配者。他也曾尝试把板条扶手椅漆为全黑、白、灰或者红，但红与蓝版本最合他的心意。

一些评论家认为，红蓝椅不是因功能创作的，美是该椅子设计的决定因素。在沃尔特·格罗皮乌斯的引荐下，红蓝椅于1923年在德国包豪斯展览亮相，对包豪斯的教学方法影响很大。米歇尔·布劳耶的木质板条椅（图4-12）就有红蓝椅的影子。

1918～1919年，里特维尔德为J·J·P·乌德（J.J.P.Oud）（图4-13）承担的住宅街区项目设计家具，杜斯伯格则设计了室内的色彩。这些位于鹿特丹的住宅是为斯庞恩的新兴工人阶层设计的。样板房里摆放了一件餐柜、一张桌子、一把扶手椅和两把陈设在壁炉旁的直背椅。里特维尔德1919年设计的餐柜采用了几

图4-12 布劳耶的木质板条椅

图4-13 乌德的建筑设计作品

101

图4-14 童车

何形的横竖构图，几乎是蒙德里安绘画的立体展示。1921年，里特维尔德设计了漆成红色、蓝色和黑色的雪橇，其部件的横断面被漆为白色，用以表现"毫无掩饰的真实"这一理念。雪橇参展了在兹沃勒举办的应用艺术展览。里特维尔德在1922年设计的童车（图4-14）也采用了同样的手法。

1923年，里特维尔德和一位风格派成员——画家维尔莫斯·哈查尔（Vilmos Huszar）为柏林的博览会合作设计了名为"空间-色彩-作品"的荷兰馆（图4-15），后来被刊登在《L'ArchitectureVivante》上。荷兰馆的设计包括墙壁、色彩平面和两件家具（一把椅子和一张桌子）（图4-16），该椅后来以"柏林椅"（图4-17）之名著称。里特维尔德在设计家具的同时也设计了空间，哈查尔则负责墙壁色彩和几何面板的设计。在乌得勒

图4-15 柏林博览会的"空间-色彩-作品"荷兰馆

图4-16 荷兰馆的边桌

图4-17 柏林椅

图4-18　麦兹公司陈列室1

图4-19　麦兹公司陈列室2

图4-20　Z形椅系列1

支中心博物馆的1958年的藏品目录里，柏林椅也被称为厚板椅。它由八块尺寸不同的木板以不对称的横竖构图组成。柏林椅中不对称的所有面在视觉上都是平衡的。

20世纪30年代以来，在与麦兹公司（图4-18、图4-19）的合作中，里特维尔德对材料和形式的应用越发游刃有余。麦兹的主要客户是那些对现代室内和家具设计感兴趣的人。里特维尔德在这一时期的代表作是1932~1934年间推出的Z形椅（图4-20~图4-23）。该椅去掉了常见的柱形椅腿，形态简洁而纯粹，是一次椅子设计在空间概念上的创新。Z形椅似乎是里特维尔德对杜斯伯格理念的回应，利用斜线来解决艺术构图中横竖元素间的冲突。论及舒适，不管是红蓝椅还是Z形椅，里特维尔德都考虑了椅子的人体工学。相比悬臂椅，Z形椅对现代主义先锋派人士更具吸引力。里特维尔德认为形式是空间的分割，Z形椅不只是一把椅子，更是空间里的线。1933年起，里特维尔德就把Z形椅放置在他几乎所有的样板间和绘画中。Z形椅是里特维尔德对一片式纤维板椅实验的结果，也是他对空间理论认知的外化。

里特维尔德致力于为社会大众服务，在20世纪30年代的经济萧条期，他利用廉价的普通板材设计家具，完成了名为"大众艺术"的系列家具。里特维尔德关注设计与工业生产的结合，以及新材料在现代生活中的应用。他利用弯曲钢管和胶合板设计的椅子在1927年由麦兹公司生产。1937年，里特维尔德又为麦兹公司设计了一款带织物包覆的轻便扶手椅（图4-24、图4-25）。里特维尔德几乎将全部精力都放在这把扶手椅的舒适度提升上。扶手椅有简洁和稳定的形式，靠背和坐面的夹角略大于90度，前腿和扶手以合适的角度连接。逐渐地，里特维尔德掌握了以市场为导向的设计思维方式。他的美学观随着室内设计项目的开展而改变——他开始尝试曲线，并在家具和室内设计上采用柔和自然的材料。1934年，一种灵活的功能主义在里特维尔德的"板条箱家具"系列上体现出来（图4-26、图4-27）。这系列家具是为周末或者假期小屋设计的，包括书柜、扶手椅和一张未上漆的矮桌。当然，客户也可以以稍高的价格定制各种颜色，还可以自己动手用螺钉组装家具。但有人诟病这系列家具的上过漆的表面过于粗糙，面板和漆之间

图4-21　Z形椅系列2

图4-22　Z形椅系列3

图4-23　Z形椅系列4

图4-24　带织物包覆的轻便扶手椅

图4-25　轻便扶手椅陈设于1937年的V.D.瑞斯住宅室内

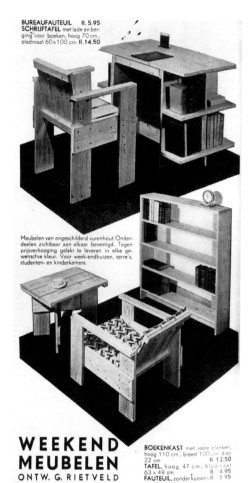

WEEKEND
MEUBELEN
ONTW. G. RIETVELD

图4-26 板条箱系列家具产品目录

图4-27 板条箱系列椅子

图4-28 丹麦椅

的缝隙也导致握钉力差。"木质夏季小屋项目"也是"自己动手"的理念，里特维尔德用多边形模型实施这一计划，鼓励使用者自己布置和组装房间单元。在1937年的乌得勒支秋季博览会上，里特维尔德展出了一个十二边形的小屋模型，包括卧室、厨房、盥洗室、洗澡间等。然而，里特维尔德的这些组装类的家具和小型花园房产品直到第二次世界大战后才成功打入市场。1946年，受到伊姆斯夫妇家具的结构和形式的影响，里特维尔德设计了丹麦椅（图4-28）。该椅由六个胶合板部件构成。

在建筑与室内设计方面，里特维尔德也取得了瞩目的成就。1919年，他应科内利斯·比格尔（Cornelis Begeer）之邀，重新设计后者的珠宝店（图4-29）。该建筑获颁了建筑与友谊协会的一枚铜奖，其正立面采用了水泥，展窗和入口处是当时流行的中东装饰元素。之后，比格尔又邀请里特维尔德重新设计金与银匠公司的珠宝店。里特维尔德将店内空间设计为一个整体，墙面的有色面板、天花板等须与家具和地毯匹配。通过复杂的比例设定，以及日光和人工光之间的平衡，他让曲折和狭窄的店内空间实现了统一。1923年，这项设计参加了巴黎的风格派展览，并刊登在《风格》杂志上。比格尔的律师弗芮茨·施罗德（Frits Schröder）及其夫人图卢斯·施罗德-施雷德（Truus Schröder-Schräder）参观了珠宝店，给图卢斯留下了深刻的印象。1921年，图卢斯请里特维尔德设计了位于比尔特斯展特的乡村小屋的一间房（图4-30）。在之后的职业生涯中，里特维尔德与爱好艺术的图卢斯保持着交往，得到她的很多帮助。图卢斯为里特维尔德介绍了达达主义艺术家库尔特·施威特斯（Kurt Schwitters），他们一起在图卢斯的比尔特斯展特乡村小屋举办艺术沙龙，威廉·凡·莱斯顿（Willem van Leusden）和赛博德·凡·拉斐斯泰因（Sybold van Ravesteyn）都是来客。

图4-29　1919年设计的博格尔珠宝商店正立面

图4-30　1921年为图卢斯乡村小屋房间设计的室内

1924年，里特维尔德为图卢斯设计了著名的施罗德住宅（图4-31、图4-32）。这座建筑就像一幅现代绘画的三维写实，是风格派重要的作品之一。住宅的一个楼层被设计成了开放式空间，有可移动和折叠的分隔墙。住宅赋予抽象艺术以生命力，使用了现代材料和标准建筑组件，表达了里特维尔德希望服务工人阶级的设计理想。里特维尔德于1936年设计的沃瑞伯格电影院是一

图4-31　施罗德住宅

图4-32 施罗德住宅室内

座真正的现代建筑，配备了当时最先进的技术和设备。

里特维尔德的红蓝椅和施罗德住宅为风格派赢得了国际声誉，也将风格派的思想散播到各地。1920年左右，国际上许多艺术家和建筑师都钟情于里特维尔德的家具。除蒙德里安和杜斯伯格等风格派成员外，莱斯顿、P·J·C·克拉哈默、布劳耶和格罗皮乌斯等也都受到他的影响。

1936年，现代艺术博物馆的主编阿尔弗莱德·巴尔（Alfred Barr）第一次将里特维尔德的作品与风格派的视觉艺术联系起来。1958年，亨利-伦赛尔·希区考克（Henry-Russell Hitchcock）宣称，那个设计金与银匠公司珠宝店的里特维尔德，是第一个将风格派的理念转化为具体建筑的人。而彼得·柯林斯（Peter Collins）则认为，里特维尔德的椅子是构成主义和新造型主义的几何抽象作品。1964年，里特维尔德于乌得勒支逝世。

第五章
包豪斯

沃尔特·格罗皮乌斯被尊称为现代建筑大师第一人，不仅是因为他创造出一系列划时代的建筑杰作，更是因为他一手创立包豪斯，而包豪斯对全球现代建筑、设计和艺术教育的影响之大是无法估量的。从某种意义上讲，因为包豪斯的成功，人类得以在很短时间进入现代社会，享受现代文明，而包豪斯成功的最大因素则是其教育体系中艺术创意的主导作用。人类历史上从来没有任何时刻能够将当时人类最伟大的一批艺术家集中到一个屋檐下。鉴于格罗皮乌斯的远见卓识和博大胸怀以及强烈的个人魅力与感染力，一大批最有影响力的艺术大师汇聚包豪斯。瓦西里·康定斯基和保罗·克利是被赫伯特·里德评价为与毕加索齐名的20世纪最重要的艺术家，拉兹洛·莫霍利-纳吉是开创实验艺术的首席大师，里昂奈尔·费宁格和奥斯卡·施莱默是欧洲表现主义艺术的杰出代表，约翰·伊顿是欧洲最重要的色彩学大师，约瑟夫·艾尔伯斯是抽象表现主义的精神领袖，赫伯特·拜尔则是全球最有影响力的平面设计大师。此外，毕加索、莱热、蒙德里安、杜斯伯格、柯布西耶等重量级艺术大师也时常去包豪斯讲学。因此，自然而然地，以布劳耶、密斯、格罗皮乌斯、阿尔伯斯为代表的包豪斯师生们在最具创意的艺术氛围中陆续创造出一大批新时代家具。

包豪斯成立于1919年，由魏玛艺术学院和魏玛工艺美术学校合并。首任校长沃尔特·格罗皮乌斯是有着实用主义观点的著名建筑师，曾任职于彼得·贝伦斯工作室，代表作品是1911年建成的法古斯鞋厂。此外，他在其他领域的成果也值得瞩目，例如有轨电车设计和家具设计。包豪斯成立之初就强调艺术的引导作用，设计教育结合科学技术、实业和社会发展，并在一段时期内适应了工业化的发展。格罗皮乌斯本人也成为20世纪的伟大教育家。

格罗皮乌斯倡导艺术家与工匠的平等与合作，反对纯艺术与实用艺术的对立，也不支持设计或者工业中的标准化。他认为艺术与工艺是同一事物的两个方面，而非彻底不同的两种事物。艺术家们思想活跃，善于接受和探索新事物，有利于激发学生的创造力，建立那些突破旧制的新思路和新方法。他们负责教授学生美学与造型基础，包括色彩、形式和构图。格罗皮乌斯认为，艺术本身不可传授，设计是靠技巧还是冲动都是因人而异的，但其中蕴含的思想、方法和表现技法是可以传授的。

1919年的包豪斯宣言中曾提到："建筑师、画家、雕塑家、所有我们这些人都必须回归到手工艺当中去"，"在这里，艺术家与手工艺师之间没有本质上的差别"。宣言的封面是由里昂奈尔·费宁格创作的，展示了三颗光芒散射的星星，以及星光照耀下的大教堂。三颗星分别表征绘画、雕塑和建筑。1924年，格罗皮乌斯又在《国立包豪斯的观念与发展》里陈述，拉斯金、威廉·莫里斯、凡·德·维尔德，德国的奥布里希、贝伦斯和德意志联盟等都曾考虑如何让艺术家、工匠与现代工业结合起来。

于是，格罗皮乌斯通过各种渠道，邀请当时欧洲最具影响力的艺术家、建筑师等来包豪斯任教（图5-1）。他本人也精通各个领域的艺术，才能够理解和促成这些艺术家走到一起。同时，格罗皮乌斯的夫人阿尔玛·马勒是当时艺术界的交际名媛，其广博的人脉关系也为丈夫提供了很多艺术家资源。

包豪斯自成立就受到表现主义流派的影响，表现主义者笃信艺术可以带来变革。格罗皮乌斯希望通过艺术的方式来塑造包豪斯在社会变革方面的形象，而受邀来包豪斯执教的艺术家们也或多或少与表现主义有关联。❶另外，先锋运动与设计的代表人物埃尔·利西茨基（El Lisstzky）的论文曾在《风格》杂志发表，由他创办的《对象》杂志上刊登了凡·杜斯伯格、蒙德里安、勒·柯布西埃等人的撰文。他们提倡新科技和机械工业产品，呼吁为大众和社会的需求而设计。这些理念都被带到包豪斯。

1919~1924年间，包豪斯先后邀请9名教师来校，有8名是画家。他们是雕塑家格哈特·马克斯（Grehard Marcks）、画家里昂耐尔·费宁格（Lyonel Feininger）、约翰·伊顿、乔治·穆希、奥斯卡·施莱默、保罗·克利、罗塔·施莱尔（Lothar Schreyer）、瓦西里·康定斯基、拉兹洛·莫霍利-纳吉。

图5-1 1926年德绍包豪斯的教师，自左向右：艾尔伯斯、谢帕、穆希、莫霍利、拜尔、施密特、格罗皮乌斯、布劳耶、康定斯基、克利、费宁格、施托尔策、施莱默

❶ ［英］弗兰克·惠特福德. 包豪斯［M］. 林鹤译. 北京: 生活·读书·新知三联书店, 2001.12:14.

图5-2　康定斯基作品1

当然，包豪斯的成立还与德国艺术教育改革的要求有关，包括艺术教育以工艺训练为基础，提倡多学科和多门类的专业培养，实行固定学制制度等。德国经济的振兴与发展寄希望于优质产品的出口，相关设计师的培养显得额外重要。

包豪斯"师徒授业"的作坊教学体系有中世纪手工行会的影子，威廉·莫里斯的工艺美术运动思想和乌托邦理想都在其早期发展中体现无疑。学校称教师为"大师"，称学生为"学徒"或"熟练工人"。每一门专项工艺都配有负责的工匠和艺术家。工匠负责传授"学徒"们工艺方法和技巧，被称为"作坊大师"。而艺术家们则以思想的创新和创意训练为主，常被学生们称为"形式大师"。以下介绍几位代表性的包豪斯形式大师。

瓦西里·康定斯基（Wassily Kandinsky）到包豪斯之前已经声名远扬了。他是俄罗斯画家和美术理论家，也是一位优秀的业余大提琴手。康定斯基与蒙德里安、马列维奇一起，被称为抽象艺术的先驱，是表现主义的提倡者和践行者（图5-2、图5-3）。他将音乐引入野兽主义和民间主义："形体和色彩应该穿透观众的心，应该在观众心中回荡并打

图5-3　康定斯基作品2

动他的内心深处，就像音乐一样"。康定斯基早年在莫斯科大学学习法律和经济，曾为绘画而放弃法律教授的教职。1900年，他从慕尼黑美术学院毕业后成为职业画家。长达四年的欧洲和北非的考察旅行，让他了解了现代艺术运动在各地的现状与发展。康定斯基受到卡西米尔·塞文洛维奇·马列维奇和亚历山大·罗德琴科（Alexander Rodchenko）的影响，他早期的画作采用了独创的自由抽象手法，之后加入了规则的直线和几何形（图5-4、图5-5）。圆是康定斯基作品中的重要元素，色块也常在其画面中引发动势和体量冲突，而"节奏"和"情绪"则是康定斯基作品中的主调。

图5-4　康定斯基作品3

1911年，康定斯基与弗朗茨·马尔克共同创办了"青骑士社"，于1912年出版《论艺术的精神》。该书将艺术在精神和情感方面的关注提升到理论层面。此外，《论具体艺术》《点、线、面》等文章也是抽象艺术领域的名作。康定斯基的大部分作品收藏于所罗门·古根海姆美术馆。

1922年初，康定斯基受邀赴包豪斯执教，成为包豪斯设计教育中的核心人物，后来升任副校长，他本人具有极强的组织能力和领导能力。康定斯基在包

图5-5　康定斯基作品4

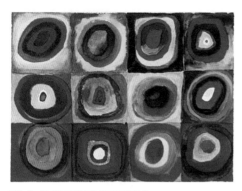

图5-6 康定斯基关于色彩研究的作品

豪斯时期取得了巨大的艺术成就。他善于利用广博的知识背景来分析艺术理论问题，希望为主观经验寻找相应的客观规律。这也是他在包豪斯教学中一直秉持的理念。

康定斯基接替施莱默担任壁画作坊的形式大师，将精力放在色彩的探讨和研究上。他开设了相关基础设计课：一是分析绘图，二是色彩与图形的理论研究，与克利轮流讲授。康定斯基以近乎严格的分析手法来表现色彩和图形，引导学生们在艺术中平衡感性和理性。这位大师对几何形式的应用从多方面影响了包豪斯的设计。

康定斯基在基础课程上讲授了色彩的区分，主要为色彩冷暖和色彩明暗（图5-6）。色彩被分为四个基本类别：亮暖色、暗暖色、亮冷色、暗冷色。色彩也具有情感和象征意义，例如，黄色代表积极而不稳定，蓝色象征消极和含蓄。在图形研究方面，康定斯基强调以点为基础延伸开的图形研究。与色彩一样，线也是具有个性和情感的，例如，垂直线温暖，水平线寒冷，斜线表现出不同程度的暖与冷。康定斯基对色彩和图形的应用严谨得近乎科学。在他的课程中，红、黄和蓝三原色分别与正方

形、三角形和圆形对应。如果一个五边形里包含正方形和三角形，那么这个五边形就一定是橙色（红与黄的混合）的（图5-7）。❶

《点、线、面》一书集合了康定斯基构图课程的内容。他鼓励学生去探索形式的未知性，例如如何用线条去表达节奏，如何通过想象来建立具象与抽象形式间的联系，以及已知事物形式具有何种象征性等，避免学生用保守甚至模仿的手法去创作。康定斯基在教学和研究中倡导色彩和形式的无限可能，而非囿于已知事物中。

保罗·克利（Paul Klee）是瑞士人，著名画家、音乐家、诗人和艺术理论家。他的绘画涉足油画、版画和水彩画等（图5-8）。克利的父母都是音乐家，自身也是业余小提琴手。具有音乐成长和教育背景的克利，崇拜莫扎特、巴赫和海顿等古典音乐家。他将自己对音乐与绘画的感悟交织在一起，作画的过程如同谱曲一般，画面也自然流露着节奏和旋律（图5-9）。克利早年在慕尼黑海英里希·克尼尔画室的学习令他立志成为一名画家。1900年，克利进入慕尼黑美术学院，与康定斯基成为同学。克利曾与雕塑家赫拉到意大利考察旅行，深入了解了欧洲古典艺术。北非的游历为他带来了异国的灵感，让克利的作品开始有了色彩的突破。表现主义、印象派、立体主义、野兽派和未来主义等都对克利产生过影响（图5-10），凡·高、保罗·塞尚和亨利·马蒂斯等都是他推崇的艺术家。

经伊顿和阿尔玛推荐，加之克利对包豪斯宣言的

图5-7　康定斯基色彩课程的学生习作

图5-8　克利作品1

图5-9　克利作品2

❶　[英]弗兰克·惠特福德. 包豪斯[M]. 林鹤译. 北京：三联书店，2001.

114

图5-10　克利作品3

图5-11　克利色彩课程的学生习作

认同，他于1921年前往包豪斯任教，与康定斯基一起承担壁画作坊的形式与色彩课程教学（图5-11）。在包豪斯的十年中，克利在包豪斯发展了自己的艺术理论，对之后的很多流派都产生了影响。

克利追求艺术的本质，主要从大自然中汲取灵感，而非囿于某一种形式。包豪斯多样化的设计和艺术门类给予他实验和探索的途径，他勇于尝试建筑设计、工业设计、舞台戏剧等来拓展艺术创作的可能性。点、线、面等成为他描绘形式、空间的主元素，丰富的色彩满足了克利的想象力。他将具象的动植物抽象化，并尝试以儿童的视角和儿童画的手法来创作。其画面常显得稚朴又趣味盎然，并流淌着音乐般的旋律。

克利擅长对艺术理论问题的思考，还不忘结合政治和社会因素。克利继穆希之后，负责书籍装帧作坊，这期间的回忆并不美好，充斥着克利与作坊大师奥托·多尔夫纳无止境的争吵。书籍装帧作坊被撤销以后，克利又被派往彩色玻璃作坊，但纺织作坊才是克利最为关注的。克利鼓励学生们去试用尽可能多的色彩、图形、形象和技巧。他让学生们以制图与绘画的实践方式来了解事物。例如，通过绘制植物的叶子来观察叶脉。

克利的色彩理论受到歌德、朗吉、德拉克洛瓦、康定斯基和德劳内的影响。他的创作具有神秘主义倾向，他认为艺术表现的最高一级应该是那种无人能参透的神秘。与康定斯基一样，克利也发展出了自己的关于色彩和图形的理论模型。他将线分为三种类型：积极的线、消极的线和中性的线，认为线是运动中的点。视觉的和谐是克利艺术创作的目标，而线与颜色的平衡是决定和谐的关键因素。

1924年完成的《教学草图集》是他教学思想的集大成，被编入"包豪斯丛书"，至今仍然影响着艺术、设计等领域的教育者。他引导学生思考客观事物的本质，探索艺术的基本要素，分析和感知这些要素与媒介、空间、精神世界的关联。康定斯基和克利的这些基础课程影响了作坊的设计，作品通常是几何形，多饰以原色。

奥斯卡·施莱默（Oskar Schlemmer），德国画家、雕塑家、平面设计师、舞蹈和舞台设计师，是德国表现主义艺术家，被称为20世纪德国怪才之一。施莱默出生于斯图加特，曾在斯图加特美术学院求学，师从阿道夫·赫尔策尔。他早期也受到塞尚和毕加索的影响。在第一次世界大战前，施莱默已有为表现主义等前卫戏剧做美工设计的经验。

1920年，施莱默被包豪斯任命并担任了教职。由于作品的风格很适合装饰墙面，他被派往壁画作坊和雕塑作坊。1923年后，施莱默开始负责包豪斯的剧场作坊，开设人体研究基础课，同时讲授壁画、雕刻等课程。施莱默的创作主题只有人这一形象，他将"人体"的研究作为创作的核心和基础（图5-12）。其作品以人像解构的手法探索人体与空间的关系。人体被解构为抽象几何体式的元素，然后在施莱默的重

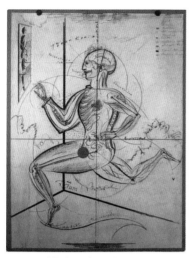

图5-12　施莱默对人体各部分间关系的研究

组下产生富有律动和节奏的新排列和新构图。施莱默专注于人体形式与空间的关系，而非传统人像描绘的本身。施莱默1932年创作的《包豪斯阶梯》（图5-13）久负盛名，画面内容为学生在包豪斯大楼楼梯上上下下的场景。在包豪斯期间，施莱默通过大量的绘画和雕塑作品发展了包豪斯的人本主义。他还设计了包豪斯的校徽和学校内部的装饰。

《三人芭蕾》（图5-14、图5-15）是施莱默的代表性戏剧，于1922年9月在斯图加特剧院首次演出。该剧的演员是一位女性和两位男性。他们身着碟子状的裙子和圆形的金属帽子，或者头戴和身穿缠绕的金属圈，仿佛星外来客。三人以不同的配合表演了不同的编舞组合，随之变化的是显现不同色彩的舞台背景。施莱默突破常规舞台，具有仪式化特色的芭蕾成为他选择的表演形式。他认为芭蕾的动作和服装更容易体现人体与人体、人体与空间之间的关联。这部剧后来经过发展在包豪斯再次上演。《机械芭蕾》是1923年在包豪斯展览期间上演的，剧中的演员身着色彩鲜明的几何形服装。

拉兹洛·莫霍利-纳吉（László Moholy-Nagy），1895年出生于匈牙利，是20世纪最杰出的前卫艺术家之一，也是俄国构成主义和达达主义运动的代表性人物。纳吉在第一次世界大战中受伤后开始学习绘画，是自学成才的励志人物，他涉猎的艺术类型和创作手段多种多样，也曾做过

图5-13　《包豪斯阶梯》

文字雕刻师和标志绘画师。物影照相技术是纳吉的绝活。他将透明和不透明的物体放在感光纸上曝光形成影像，而非用照相机实景拍摄（图5-16）。纳吉受到凡·杜斯伯格的影响，也是弗拉基米尔·塔特林和利西茨基的粉丝。

图5-14 《三人芭蕾》服装设计

在实验艺术方面，纳吉堪称先驱人物，常以各种手段进行拍摄试验，内容涉及拍摄角度、剪辑手法和制作技术等（图5-17）。他的实验艺术还包括电话订制艺术，是通过打电话给某人指令，命对方为自己代笔作画的创作方式。

图5-15 《三人芭蕾》中的角色

纳吉经阿道夫·贝恩引荐进入包豪斯，在1923年接替约翰·伊顿的职务进入包豪斯的金属制品车间。他在那里被称为灵魂教授，与艾尔伯斯一起负责基础课。纳吉排斥一切非理性因素，反对超验的唯心论，推崇机器的发明和使用。伊顿离开包豪斯以后，纳吉就迫不及待地对基础课程进行了大刀阔斧的改革，甚至是完全抛弃了那些形而上的、凭借呼吸训练和直觉来引导思维的方法。纳吉带领学生们认识新材料和新技术，创作出简洁和实用的金属制品。他启发学生在形式和色彩上的理性思考，注重引导学生对点、线、面的关系的认识（图5-18），以及对二维和三维空间

图5-16 纳吉的影像作品

图5-17　纳吉的摄影作品

进行分析（图5-19），逐渐发展出三大构成的设计教育基础课程。在包豪斯教学理念的支持下，纳吉在摄影技术和表现方式上进行了深入研究，提出了"新视野"的现代主义摄影理念，促使包豪斯成为欧洲摄影思想交流和传播的前沿阵地。他著有《新视觉》和《运动中的影响》两本具有影响力的书籍。

纳吉强调将人类的五官调动起来理解艺术，这一理念也影响了他在现代设计方面的创作。光、空间和运动是纳吉在创作和研究中一直追求的元素，为了探究它们之间的关系，纳吉常采用反光金属、透明塑料、玻璃等作为实验材料来创作，代表作有《光-空间调节器》雕塑（图5-20）。

可以说，纳吉的加入标志着包豪斯的教学重点开始转向了，从一开始利用艺术来复兴手工艺的各种尝试，转为艺术与技术、艺术与工业的结合。在经济压力之下，包豪斯必须注重与当地工业界的合作，迅速推出一批让大众甘心埋单的工业产品。纳吉于1937年在美国成立了"新包豪斯"，是芝加哥设计学院的前身。

约瑟夫·艾尔伯斯（Josef Albers）是德国画家、理论家和设计师，也是

图5-18　纳吉的平面设计作品——包豪斯丛书广告说明书封面设计

硬边艺术风格的先驱，擅长利用几何的或具有清晰边缘的平面图形创作，注重色彩的对比。艾尔伯斯曾就读于柏林、埃森和慕尼黑的艺术学校。他原是包豪斯的学生，后来通过大师资格考试后留校任教，被公认为是他那一代最有天赋的学生。他对材料的应用既得心应手又创意十足，在包豪斯的德绍时期被聘为"青年大师"。

图5-19　纳吉的绘画作品

　　艾尔伯斯在彩色玻璃作坊任作坊大师，承担基础课程中关于材料应用的内容。他起先是在伊顿手下，后来成为纳吉的得力助手。纳吉辞职后，艾尔伯斯着手全面负责基础课程（图5-21），后来掌管家具作坊。

　　艾尔伯斯协助纳吉为包豪斯开办了一套新的教学课程，影响了包豪斯下一个阶段的发展。他本人醉心于研究材料，对纸板、金属板和其他板材进行试验。他为学生留的作业和练习也是针对应用材料的，引导他们尊重和理解材料。同时，受到伊顿的影响，艾尔伯斯几乎把所有精力都拿来探究色彩之间的关系了。他崇尚系统、秩序、简单和实验性的创作理念，注重色彩和图形在构图上的关系与均衡。色彩在他的作品里有着冷暖情感的表现，在空间里形成远

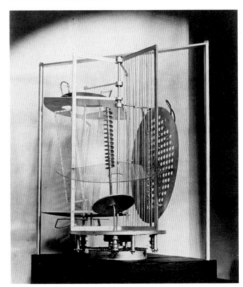

图5-20　《光-空间调节器》雕塑

图5-21　艾尔伯斯的初步课程学生折纸习作

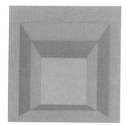

图5-22 《正方形礼赞》系列1

近层次。艾尔伯斯那标志性的色彩正方形绘画《正方形礼赞》系列（图5-22、图5-23）始创于1950年，对极少主义产生了很大影响，充分体现了他在色彩理论研究领域的贡献。艾尔伯斯的《色彩互动》一书出版于1963年，至今仍然被作为当代艺术教育的权威教科书。他的作品被纽约现代艺术博物馆、芝加哥艺术学院、华盛顿国家艺术馆和伦敦泰特美术馆等多个艺术机构收藏。

1933年，纳粹关闭包豪斯后，艾尔伯斯移居美国，陆续在黑山学院、哈佛大学和耶鲁大学任教。在黑山学院，他培养出赛·托姆布雷（Cy Twombly）和罗伯特·劳申伯格（Robert Rauschenberg）等杰出的艺术家。前者是美国著名抽象派艺术大师，被称为第二次世界大战后最有影响力的艺术家之一；后者则是美国波普艺术的代表人物之一。

赫伯特·拜尔（Herbert Bayer）出生于奥地利，是著名画家、平面设计师、摄影家和印刷专家。1919年起在达姆施塔特学习建筑。1921～1923年，他来到位于魏玛的包豪斯，师从康定斯基学习壁画，也接触了摄影。拜尔是包豪斯第一代学生中十分具有创造力的一位。他创建了通用的字母表，彻底地革新了视觉设计的形式。拜尔在职业生涯中一直倡导不同艺术的融合。

来包豪斯学习之前，拜尔已有为建筑师工作的经历，他在这期间接触了包装设计。1925～1928年，拜尔重回包豪斯任教。他负责广告、设计和摄影课程的讲授，掌管包豪斯的印刷系。这一时期，拜尔发展了活铅字和和机械印刷技术，一改包豪斯往日的手工印刷方式。拜尔深受风格派和纳吉的影响，常在印刷排版上选择简洁的字体和粗直线，以不对称构图为主。

图5-23 《正方形礼赞》系列2

拜尔对印刷字体的改革是颠覆性的（图5-24）。当时德文印刷字体普遍为"哥特式"，德语的拼字法不但要求专有名称和句子开头要用大写，连每个词的第一个字母也要大写。这对于崇尚简洁而直接地解决问题的拜尔来说，简直无法忍受。于是，拜尔去掉了字体的衬线，设计了通用性的无衬线字体。这种字体印刷便宜，也不影响阅读。只采用小写字体成为拜尔甚至是包豪斯平面设计的风格和特色。当然，拜尔也没有弃用和忽略大写字体。

图5-24　拜尔设计的通用字体

拜尔的大部分摄影作品产自1928~1938年之间，他当时作为商业艺术家在柏林工作。这些作品展示了他的艺术设计创作方法，包括建筑图形视觉和蒙太奇技术（图5-25）。

1938年，应现代艺术博物馆之邀，拜尔移居美国，将他的展陈设计理念应用到MoMA举办的包豪斯展览中，一直从1919年持续至1938年。后来，拜尔又与爱德华·史泰钦（Edward Steichen）合作，设计了《胜利之路》的秀，这一作品也成就了史泰钦。拜尔以平面设计师的身份在美国度过了余生。

米歇尔·拉尤斯·布劳耶（Marcel Lajos Breuer）也是包豪斯的第一代学生，是20世纪著名的现代设计大师，在建筑与家具设计上成就卓著。布劳耶从小爱好绘画和雕刻，十八岁为了追寻艺术而离开家乡，十分短暂的维也纳艺术学院学习后，他投身到包豪斯设计学院展开实用艺术设计的学习，是包豪斯第一批也是最年轻的学生之一。格罗皮乌斯认为他颇具天分，他也很快成为木工作坊的拔尖学员。毕业后被指派为木工作坊的负责人，被聘为"青年大师"。

在包豪斯学习时，布劳耶接触到众多先锋派艺术思想。表现主义的伊顿、新结构主义的纳吉、抽象派表现主义的克利和康定斯基等都曾是他的老师，杜斯伯格的风格派思想在传至包

图5-25　拜尔的作品

图5-26 布劳耶的胶合板椅子和桌子

图5-27 布劳耶的扶手椅

图5-28 布劳耶与贡塔·斯托兹（Gunta Stölzl）合作非洲椅

图5-29 胶合板边桌

豪斯时对他产生了影响。布劳耶对美很敏感，他的家具设计形式是其对艺术思考的结果。他从克利的研究中学到了对自然的理解和尊重，总是用最少的形式达成目的。他还从康定斯基那里学到了系统思考的方式，而纳吉的机器美学为他带来了设计的灵感。布劳耶的第一把椅子是表现派风格的雕塑。他在1920～1922年间设计的胶合板椅子和桌子（图5-26），以及1922～1924年间创作的木质板条椅都受到了风格派的影响，与里特维尔德的家具作品十分相似。布劳耶在学生期间主要设计实木胶合板家具，且在功能上做了更多推敲，例如弹性框架，弧线坐面和靠背，以及舒适的面料等（图5-27～图5-29）。

布劳耶是继里特维尔德之后具有开创性的家具设计师，擅长用工业材料做家具，从形式上彻底摆脱了欧洲传统的家具形式。布劳耶发展了一种模块化的家具结构，利用标准件去实现简单而富有功能的家具整体。他曾提到："由于我们比过去更容易改变我们生活的方式，我们身边的环境也应该对环境的变化有所体现。因此，我们希望家具、房间、建筑由不同的部分组成，可以以各种可能的方式进行随意拼装组合，家具甚至墙壁都不是不可移动的，应当是可拆卸能组装的。"他设计的椅子都由标准化的不同部分组成，便于拆卸。

布劳耶在包豪斯的木工作坊开创和发展了设计上的雕塑语言，进而应用在私人建筑设计上，使其成为20世纪设计史上最受欢迎的建筑师之一。布劳耶在伦敦时期受雇于杰克·普里查德（Jack Pritchard）所在的Isokon Company。普里查德是英国最早的一批现代设计拥护者之一。布劳耶在这期间设计了长椅，并开始尝试弯曲胶合板材料。1935～1937年间，他开始与英国现代设计师F. R. S. Yorke一起工作。1937年，在格罗皮乌斯的邀请下，布劳耶赴美国担任哈佛设计学院的助理教授。布劳耶善于应用新技术与新材料来推进他的"国际风格"设计。其钢管椅作品不仅是现代主义设计的象征，也是20世纪最耐久的家具形式之一（图5-30、图5-31）。

图5-30 布劳耶的B35钢管椅

布劳耶是将钢管家具引入室内的设计师，代表作是在包豪斯设计的"瓦西里椅"（图5-32）。1925年，受到自行车车把的形态启发，23岁的布劳耶设计出瓦西里椅，成为他最为出名的作品之一。椅子的框架由抛光的、弯曲的和光素的钢管制成，坐面和靠背等带有帆布、织物或皮革。瓦西里椅是第一件弯曲钢管材料的家用家具，它的几何形式来自立体派，横竖平面构图来自风格派，复杂的构架来自结构主义。为了减轻钢管的冷漠感，布劳耶综合利用帆布、皮革、藤及软木等。尽管流传他的这把椅子是为瓦西里·康定斯基设计的，但事实是，康定斯基很欣赏布劳耶的这件作品，请布劳耶为他的住宅做了件复制品。该椅子20世纪60年代被它的意大利厂商称为"瓦西里"椅，是为了提示大众康定斯基曾是这把椅子的使用者。布劳耶的Cesca悬臂钢管椅（图5-33）将传统手工艺与工业方法、材料等结合，使钢管家具呈现出一种亲切的现代感。悬臂结构发挥了材料的特性并给予椅子足够的舒适度和灵动气质，坐面是山毛榉框架和手工编织的藤。

图5-31 布劳耶的B5钢管椅

图5-32 瓦西里椅

在布劳耶受聘于杰克·普里查德的公司时，他设计了和制作了五件胶合板家具，几乎是他早期金属家具的胶合板版本，这些设计受到阿尔托作品的影响。他在1932年开始设计铝质家具。布劳耶灵活应用各种材料，使材料在适当的设计中突显优势。他于1933年设计的铝合金休闲椅在巴黎铝合金家具国际设计竞赛中拔得头筹。1932~1934年间，布劳耶设计了大量的钢和铝制家具，由Wohnbedarf公司制作和售卖。他的很多家具在室内或公共空间被使用，包括椅子、桌子、凳子和橱柜。这些

图5-33 布劳耶的Cesca悬臂钢管椅

家具大众能够负担得起，用起来舒适，也便于清洁。布劳耶试图让他的家具都成为现代生活的必需品。他认为："金属家具是现代住宅的必然要素，它们没有风格，因为它们的形式纯粹是为了实用的需要。"事实上，他的家具在20世纪70年代才开始大卖。

密斯·凡·德·罗（Ludwig Mies Van der Rohe）是20世纪最重要的现代主义设计大师之一，与柯布西耶、格罗皮乌斯和弗兰克·劳埃德·赖特一起被称为现代建筑的先驱。他曾提出"少即是多"的著名观点。密斯在15岁因绘画才能接受建筑师训练，曾在彼得·贝伦斯事务所工作，与格罗皮乌斯和柯布西耶共事。在机器美学、建造、家具、艺术等方面，密斯都受到贝伦斯的影响，后来也受到布劳耶尔的影响。1930年，密斯出任包豪斯第三任校长。包豪斯被迫关闭后，密斯于1938年出任美国伊利诺理工学院建筑系主任。密斯的设计思想和作品促进了战后国际主义风格的发展。

在包豪斯期间，密斯将建筑训练作为学校教育的中心环节，使理论研究上升到重要地位，以至于设计实践部分被压缩得很小了。因不被重视和缺少项目，其他作坊的产出也日渐减少甚至停产。在密斯的改革下，包豪斯的学制从9个学期变为7个学期，建筑造型设计和室内设计成为学校的两大领域。其中，室内设计系由原来的家具作坊、金工作坊和壁画作坊组成。与汉斯·迈耶拒绝建筑审美的观点不同，密斯强调建筑外形的塑造与审美，不反对艺术对建筑的影响。

荷兰设计师汉德瑞克·彼图斯·伯拉吉和美国设计师赖特的思想对密斯产生触动和冲击。第一次世界大战后，俄国的结构主义和荷兰风格派的思想也被密斯选择性地吸收。密斯把沙利文的"形式服从功能"颠倒过来，试图建造一个实用和经济的空间，让功能适应它。他认为建筑、室内设计应与自然界融合，而非相互对立。

1929年，密斯为巴塞罗那世界博览会设计的德国馆（图5-34）以及室内家具享誉世界，奠定了他的大师地位。密斯倾向于使用简洁的线条、平面的形式、纯净的色彩，以及荷兰风格派提倡的空间延伸。里特维尔德的作品给密斯带来很大启发，而阿道夫·卢斯的设计理念也与密斯形成共鸣，他们都提倡用材料和形式本身的美学来替代装饰。

图5-34　1928～1929年巴塞罗那世界博览会德国馆

图5-35　巴塞罗那椅

巴塞罗那椅（图5-35）的构件用手工打造，堪称20世纪最著名的家具作品之一，也是现代设计运动的标志性作品。巴塞罗那椅是设计与手工艺融合的典范。同年的巴塞罗那桌是椅子的完美伴侣。它带有镀铬的金属框架和玻璃桌面，呈现出密斯"少即是多"的理念。密斯1927年设计了"先生"椅（图5-36），在斯图加特现代住宅展览会上展出。他于1929年设计的魏森霍夫椅（图5-37）是"先生"椅的扶手椅版。图根哈特椅（图5-38）的设计结合了巴塞罗那椅和"先生"椅，构件间是焊接方式。其形态具有直率的线条和对细节的注重，体现了一种开创性的简洁思想。

图5-36　"先生"椅

图5-37　魏森霍夫椅

图5-38　图根哈特椅

1930年，密斯与丽丽·瑞琪合作，第一次使用钢和木料为美国建筑师菲利普·约翰逊的住宅设计了一张榻。这是对床的传统形式的突破和简化。密斯1946年开始探索新材料，设计出由塑料整体模压而成的椅子。密斯的家具以优良的工艺著称，让传统的奢华皮革包覆在铬合金框架上。椅子的支撑结构常与坐面分离，悬臂梁结构的使用恰当地减轻了重量，也容易呈现出优雅的结构形式。

第六章
勒·柯布西耶

在20世纪的所有建筑大师中，柯布西耶是唯一可以称为职业艺术家的建筑师。柯布西耶是记者、作家、建筑师、规划师、设计师、画家、雕塑家，但总的来说，柯布西耶首先以建筑成就流芳百世，其次以艺术成就名垂千古。他的艺术创意是其从城市规划、建筑、室内、家具到工业设计职业生涯的灵感源泉，其最重要的建筑范例都是其绘画和雕塑艺术理念的主体化展开和社会化应用。柯布西耶自学成才，通过行万里路获得对建筑和艺术的基本理解，而后长居巴黎这座现代艺术之都，得以全身心涉足艺术创作。他不仅深度涉足以毕加索、勃拉克和莱热为核心的立体派艺术圈，与马蒂斯、夏加尔、卡尔德、阿尔普及包豪斯艺术家群体过从密切，而且与法国艺术大师奥占芳一道创立纯粹派绘画风格，并很快又发展出纯粹派雕塑系列。柯布西耶的作品被法国蓬皮杜艺术中心、英国泰德艺术中心等世界最重要美术馆博物馆永久收藏。柯布西耶的绘画和雕塑是他进行建筑创作的秘密实验室，其艺术创意的成熟思想以不同方式转化为建筑构思，随后用隐性的空洞构成模式和显性的壁画挂毯形式呈现在建筑、室内以及家具设计的实践当中。

图6-1 勒·柯布西耶

勒·柯布西耶（Le Corbusier）（图6-1）的本名是查尔斯·艾都阿德·吉纳瑞特（Charles Edouard Jeanneret），建筑师，画家，雕塑家，城市规划师，作家，家具设计师，1887年出生于瑞士一个制表工业小镇拉乔克底奉德。柯布是现代建筑设计的先驱之一，也是20世纪最有影响力的设计师之一，与瓦尔特·格罗皮乌斯、密斯·凡·德·罗、赖特并称为四大现代建筑大师。他的职业生涯持续了五十年，建筑设计项目遍布欧洲、印度和美国，是国际现代建筑协会（CIAM）的创始人之一。柯布的功能理性主义和有机建筑思想影响深远，也是机器美学的奠基人。柯布同时是一位很有影响力的城市规划师，致力于为拥挤的城市及居民生活提供更好的解决方案。三十岁时，柯布在巴黎开办了自己的建筑工作室。

父亲是一位为表上釉的工匠，母亲是钢琴教师，大哥是业余小提琴手。柯布幼时酷爱视觉艺术，15岁进入拉乔克底奉德的市立工艺美术学校求学，这是一家与制表业相关的学校。三年后，柯布研修了与装饰有关的高级课程，师从画家查尔斯·勒普拉吞涅（Charles L'Eplattenier）。老师引导他从自然中

寻找绘画的素材，用艺术的眼光鉴赏建
筑。柯布的父亲也经常带他去小镇周边
的大山里，令他从小对自然产生了兴趣
与好奇。建筑师雷尼·查帕拉兹（René
Chapallaz）也曾是柯布的老师，对其早
期建筑设计的思想影响很大。柯布19岁
承接了第一个建筑项目，设计了一栋别
墅，为他带来了去欧洲其他国家旅行的
机会。

　　1907年，他离开瑞士去了意大利，
参观了佛罗伦萨大教堂，又从布达佩斯
走到维也纳。他见到了古斯塔夫·柯
林特（Gustav Klimt）和约瑟夫·霍夫
曼，在奥地利接触了新艺术运动，后来
还为霍夫曼工作了一段时期，深受其影
响。1908年，柯布带着对新艺术思想的
信仰游历巴黎，并成为新艺术精神的宣
传者。1910~1911年，他在彼得·贝伦
斯事务所工作了四个月，与格罗皮乌斯
和密斯等人共事。贝伦斯传授他关于工
业生产的过程和机器如何参与设计等内
容。1911年起，他又陆续游历了巴尔干
半岛，包括塞尔维亚、保加利亚、土耳
其和希腊，以及庞贝和罗马。柯布在这
次旅行中画完了近80本写生簿。在他之
后的著作中，柯布多次提到这次旅行对
他的意义，并写成《东方游记》一书。

图6-2　1917年在巴黎创作的水彩画

图6-3　阿梅德·奥占芳的绘画作品

1917年，柯布移居巴黎（图6-2），他与新派立体主义画家阿梅德·奥占芳（Amédée Ozenfant）（图6-3）一拍即合，展开合作。他们反对当时浪漫有余而理性不足的立体派，合力发表了《立体主义之后》的重要文章，引领了一场称为纯粹主义的新运动。他们声称，立体主义画派应该回到以纯粹的几何形为基础的理性绘画中，而非演变成沾染现实主义的装饰。1918年，二人首次在托马斯展厅举办画展。1920年，柯布与诗人保罗·多米（Paul Dermee）创办了《新精神》杂志。该杂志涉及建筑、音乐、产品设计等多个门类，影响广泛。在1920年的杂志第一期，他将法国祖先勒·柯布西耶的名字作为自己笔名，旨在表达人人都可改变自己的理念。

1918~1922年，柯布专注于纯粹主义的理论研究和绘画创作，从绘画创作中探寻形式的创造法则（图6-4）。柯布将小提琴、瓶子、杯子等机器制作的形式抽象为几何体，并以新秩序来组织和安排它们。柯布强调机器的美学和艺术性，而非功能和效率，体现为"机器美学"。他赞美机器造型的几何形式中体现出的简洁、秩序和纯粹，以及机器所象征的理性和逻辑性。柯布的名言是："一所房子是一个住人的机器，……一把椅子是坐人的机器"，"我们是在一种艺术的病态中，……一种轻薄的琐碎的艺术魅惑着整个世界。机器把我们的生活带到一个新的规律上。"新建筑应像轮船、汽车等机器一样体现新的审美，实现功能与技术的统一，强调艺术表现和精神创造。

《走向新建筑》是柯布在《新精神》上发表文章的汇总，于1923年出版。他在书中倡导建筑革新和新的社会秩序的形成，希望新建筑形式能改善大众生活，让大众也享有新技术带来的福利。柯布曾应用遮阳隔板装置来处理建筑立面装饰效果，获得后来者大量效仿。《走向新建筑》的第二部分着重讨论了机器。柯布认为建筑应与机器的大生产结合，进行批量化制造。柯布在机器中感受到数学、秩序、和谐、高尚和有机的概念，认为机器体现着一种普遍规律。他通过飞机、轮船和汽车等描绘机器美学的概念和意义。

《走向新建筑》一书涉及建筑、工业、社会生活等多个方面，柯布结合表现主义、立体主义和未来主义等诸多思想来阐述自我观点。柯布的思想还受到古典精神的影响，他声称"帕提农神庙是一座完美的机器"，因为它提供了一个设计标准。

奥占芳住宅、新精神馆、萨伏伊别墅等都是纯粹主义美学的创作成果。它们采用线型构图，形式纯净而有秩序，空间开敞而通透，应用了新结构和新技术。建于1925年的新精神馆是柯布早期的重要作品，由柯布、奥占芳和皮尔瑞·吉纳瑞特（Pierre Jeanneret）共同为巴黎国际现代装饰和工业艺术展览设计。柯布认为装饰艺术是有悖于机器的，是手工模式的垂死挣扎，不能被标准化。新精神馆被定义为未来城市的住宅单元，是城市机体的一个充满活力的细胞，是供人居住的机器，只采用标准化批量生产的物件。萨伏伊别墅（图6-5）是柯布纯粹主义美学的集中体

图6-4　柯布西耶纯粹主义绘画作品

图6-5　萨伏伊别墅

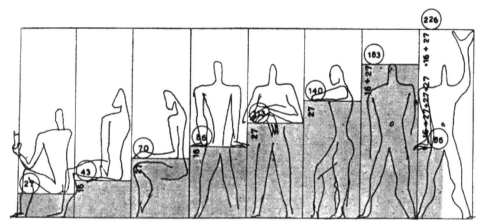

图6-6 人体模度体系

现，其形式可概括为五个特点：底层的独立支柱，屋顶花园，自由平面，横向长窗，自由立面。

柯布反对折中主义风格，他尝试用文艺复兴时期的构图比例来制定现代建筑的标准，包括对"黄金分割"比例的分析。1948年，柯布在20年比例研究和模度体系的基础上出版了《模度》，表达了他对批量制造和预制工作中标准化的观点。模度体系以人体为基准，体现了柯布以人为本的设计原则，又避免了因标准化带来的设计上的重复与单调（图6-6）。柯布事务所的建筑图就用"模度"绘制，马赛公寓的设计应用了模度。钢筋混凝土结构大师阿古斯特·派洛特（Auguste Perret）对柯布的影响十分深远，他是那个时代在混凝土可塑性和可锻钢铁延展性的应用方面具有很深造诣的专家。柯布曾为派洛特工作了一年多，就为了向他学习建筑师该如何适应新时代、新材料和新技术。

20世纪20年代起，柯布将兴趣从机器转向自然，自然物逐渐成为柯布的主题。"怎样才能丰富我们的创造力？不是回到过去，而是在大自然中寻找新的发现"，柯布认为建筑师应当拿起画笔描绘自然，提升对自然物的理解和抽象的能力，植物、贝壳和卵石等都带有诗意和神秘色彩。这一转变表现在他于1937年展出的绘画和雕塑作品上，其早期几何形的静态线转为自然中流动的线和形，它们体现着生命力和柯布的有机观念，显得原始而神秘，有着表现主义和超现实主义的倾向。柯布在阿尔及尔的城市规划中应用曲线来表达有机生命感，巴黎大学瑞士学生宿舍也是这一时期的代表作品。柯布曾尝试将女人体、器官与自然物进行组合（图6-7），有《双人体》和《构图》等作品。

图6-7　柯布的女人体绘画作品

柯布的雕塑作品（图6-8）也很有特色，常表现出对自然物和人造物的本质探索。20世纪40年代后半期，柯布与木匠萨维纳合作创作了一批多色木雕作品，其造型奇特，雕刻手法原始而粗犷，元素组合也很神秘和怪诞。

风格派、表现主义和超现实主义等风格和思想都曾被柯布选择性地吸收，希腊艺术的构图和比例等也影响到他。立方体、圆锥体、球体、柱体和角锥体等在柯布眼里都是伟大的基本形式，能在光影中表达自我。柯布认为帕提农神庙所体现出的精神，是有雕塑家菲迪亚斯的参与才得以塑造，而非建筑师伊克

图6-8　柯布的多色木雕

图6-9　建造中的朗香教堂

提诺斯和卡利克拉特自己能办到。事实上，他们二人之后的一些建筑再未达到过如此成就。艺术家可以激发建筑师的造型潜力，提升他们的想象力和创造力，让建筑从没有生命的作品升华为带有情感和精神的个体。

"今天，3种主导艺术——建筑、绘画、雕塑，迎来了它们的解放"，"这种综合关系到集体的建筑和个体的住宅"。与柯布在艺术创作上永不停歇的热情一样，柯布的建筑形式也随着他对各种体验的欲望变得令人捉摸不定。他不知疲倦地对空间功能、居住方式和建筑结构技术等进行探索，将艺术家的激情和诗意体现在比例、光影、秩序、流动的线等多方面的塑造上。毁于第二次世界大战的朗香教堂（图6-9、图6-10）由柯布负责重新设计与修复，于1955年完工。教堂具有雕塑般的形式，构思为一个可供信徒与上帝沟通的声学器件，体现了柯布转变后的浪漫和神秘主义。

柯布是20世纪最有影响力的设计师。1935～1936年，柯布来到美国，对纽约的建筑和城市规划致以尖刻而直白的评价。他在这个机器与乡村美学并存的国家开展了大量的演讲、座谈和辩论。访美后，柯布又去了巴西里约热内卢，担任教育部与

图6-10　朗香教堂

保健部大楼设计的顾问工作。该设计具体由建筑师卢西奥·科斯塔（Lucio Costa）和奥斯卡·尼米耶（Oscar Niemeyer）完成，对巴西的建筑设计发展影响很大。柯布是"白色派"的精神之父。"白色派"活跃于20世纪70年代前后，深受风格派和柯布的影响，以宣扬白色几何美学的"纽约五"建筑设计组织为代表。"白色派"擅用纯粹的建筑空间，认为白色包含所有颜色，能够显示所有光谱色彩和展示光影的变化。理查德·迈耶（Richard Meier）是"纽约五"之一，有新柯布西耶之称。在应用混凝土、裸露的结构等实现建筑雕塑感的同时，柯布对"粗野主义"的发展产生了影响，强调建筑及材料的原始美和本色美。柯布也是一位高瞻远瞩的城市规划师，他曾设计了一个"三百万居民的城市"，表达他对未来城市规划的设想。该设计于1922年在巴黎阿托尼沙龙展出，因其体现出的超前意识引起轰动。

　　柯布在几何体应用上借鉴了古典美学，但他采用了机器产品进行表达，试图将古典希腊建筑的热情和魅力融入现代机器。柯布并不偏向于冷漠，他注重情感胜过功能。柯布只是希

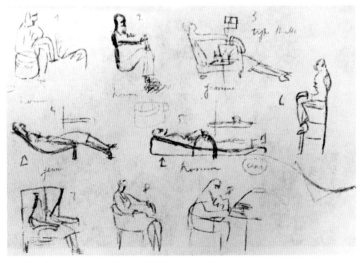

图6-11　对不同坐姿方式的研究

望将情感化解为简洁、秩序和纯粹的形式，集中体现在他的家具设计上。柯布在《今日之装饰艺术》中提到了三种不同的家具类型：需求型，家具型，人类肢体延伸型。他认为人类肢体延伸型家具是使用者的仆人，一位好仆人应当是谨慎和近似隐形的，它的主人才能感觉更放松（图6-11）。

1925年，柯布在装饰艺术博览会展出的家具采用了稀有的木材和镶嵌物，专注于工艺和手工制作。但在同年的《今日之装饰艺术》一书中，他提出那些应用了廉价材料的家具才能够被量产，希望自己的家具是为大众服务的。与皮尔瑞·古纳瑞特、夏洛特·帕瑞安德（Charlotte Periand）的合作让柯布迎来了家具设计领域的春天，他们在巴黎创作了一批适宜批量生产的家具作品，包括LC4躺椅和LC2、LC3坐具系列等，当时由托纳特公司负责生产。这些家具去掉了装饰，都很实用，呈现出纯粹形式的美，是功能和形式完美结合的成果。然而，大众一开始对这些家具的反响并不好。

皮尔瑞1896年生于日内瓦，是柯布的侄子。他于1921～1940年间与柯布共事，是柯布那些经典作品背后的强有力的合作者。皮尔瑞在家具设计中与柯布、帕瑞安德合作紧密，参与设计了LC2和LC3沙发椅系列等。1951～1965年，他承接了印度昌迪加尔建筑学校的项目，尝试用当地的绳索和竹子来制作廉价的家具。帕瑞安德，1903年出生于巴黎，是20世纪现代主义先锋运动的女性先驱之一，也是现代艺术家联盟组织的创始人之一。她于1927年进入柯布的建筑事务所，主持和参与了接下来十年中事务所涉及的所有家具。20世纪80年代，当Cassina公司打算重新生产柯布团队的家具时，她被Cassina聘为顾问。

在与皮尔瑞和帕瑞安德合作之前，柯布买来现成的家具放在他设计的建筑里，例如托纳特生产的单体家具。LC4椅（图

6-12、图6-13）是一把可调节的室内休闲躺椅，该躺椅由上下两部分构成。其上部分是弓形不锈钢弯曲钢管为框架的坐面部分，也可单独作为摇椅使用。躺椅的下部分是四足落地的基座。LC4坐面的角度可以调节，适用于阅读、小憩等多种用途。外界曾评价："一旦你坐进这把躺椅，你就再也不想起来了"。这把带有皮革垫子的躺椅是为一个特殊目的设计的，设计师们试图通过合理的设计令使用者的肢体得到放松，体验到最大限度的舒适。柯布认为家具是为某种目的而生的，不必要的功能只会占用空间。因此，他摒弃了家具的多余部分，与帕瑞安德和皮尔瑞在1928年设计了LC1椅，也称为"巴斯库兰椅"（图6-14），是柯布机器美学的有力表达，其灵感来自10世纪的一件木椅，是殖民时期用于野餐的折叠椅。与LC4相比，LC1椅更为轻便，普遍适用于多类场所。LC1椅的主体框架由钢管焊接而成，扶手上绷起的皮带类似机器上的传送带，靠背悬固在一根轴上，其角度可调节，使用者可变换坐姿。LC1椅被现代艺术博物馆收藏，由意大利Cassina公司授权生产。

三人在1928年合力创作了LC2（图6-15）和LC3系列沙发椅，其外露的不锈

图6-12　LC4躺椅

图6-13　帕瑞安德在LC4躺椅上休息

图6-14　巴斯库兰椅

图6-15　LC2沙发椅

图6-16　B302转椅

钢框架里塞满了皮革软垫，被称为"满是软垫的篮子"。该系列沙发椅是对法国古典沙发应用新材料、新结构的再设计，体现出一种优雅的理性。作为"居室的装置"系列之一，B302转椅（图6-16）在1929年诞生，柯布团队开始对镀铬钢管感兴趣并应用在家具上。B302的功能与形式相得益彰，半圆形线型靠背与扶手连为一体，并进一步与圆形坐面的转动相互配合。B302转椅的框架是不锈钢钢管，四条椅腿垂直落地，另一端在座面底部交汇。其坐面、靠背和扶手均包覆软垫。

LC6可调节餐桌（图6-17）是柯布团队于1929年设计的，15毫米厚的钢化玻璃桌面下是具有严谨比例的钢架结构，代表着20世纪最重要的国际风格。LC6有着雕塑般的边角处理和光滑斜接的角，其优雅形式和完美品质适应于多种场合。LC10咖啡桌是以简洁著称的经典设计，黑色框架带四条不锈钢直腿，桌面是10～12毫米厚的钢化玻璃。

柯布的晚年大部分时间在法国南部的马丁岬小木屋度过，除了设计工作外，他几乎沉浸在艺术创作中。1965年8月27日，柯布在游泳中因心脏病突发逝世，这位一生都勤于探索的大师终于停止了思考。

图6-17　柯布在工作室中

第七章
阿尔瓦·阿尔托

作为与格罗皮乌斯、赖特、柯布西耶和密斯齐名的现代主义五大师之一，阿尔托的建筑和家具成就几乎完全掩盖了他作为一代杰出艺术家的成就。阿尔托的艺术造诣早已使他成为独树一帜的艺术大师。他的艺术创意一方面启发和引导其建筑、家具、展示和工业设计领域的创造活动，另一方面也促成其艺术实践的突破性进展。阿尔托的一生也是与世界各地最重要的艺术大师密切交往的一生。除与芬兰艺术家古利克森·玛丽亚的终生友谊之外，他与毕加索、莱热、阿尔普、纳吉、卡尔德、马蒂斯、夏加尔等都保持着密切联系。在广泛吸收艺术创意的养分的同时，也将自己在建筑、设计、绘画和雕塑方面的成果与各位艺术巨匠们交流分享。阿尔托的绘画由立体主义到抽象画，最终形成以色彩自由构成为主题的抽象绘画，实际上成为后世色域风格的先驱。而阿尔托的雕塑更加别具一格，当他在20世纪20年代后期研制胶合板技术时，对胶合板的研制过程发生浓厚兴趣，同时借助阿尔普抽象雕塑的启发，创造出自然抽象主义雕塑作品。阿尔托的绘画和雕塑是其建筑、室内、家具、工业设计作品始终保持旺盛创造力的最大奥秘。

图7-1 阿尔瓦·阿尔托

图7-2 阿依努与阿尔瓦·阿尔托

图7-3 14岁的阿尔托和他的绘画作品

图7-4 阿尔托1916年的水彩画作品

阿尔瓦·阿尔托（Alvar Aalto）（图7-1），1898年生于芬兰库塔尼，是20世纪最多产的建筑大师与家具设计大师，同时也是雕塑家和画家，被尊为芬兰科学院院长。阿尔托擅长将艺术与科技融入设计，认为设计就是整体的艺术。他与第一任妻子阿依努·阿尔托（Aino Aalto）（图7-2）是合作默契的事业拍档，二人的作品涉及建筑、室内、家具、灯具、织物和玻璃器皿等众多设计领域。

阿尔托的父亲是国土测量局局长，这让他有很多机会接触大自然，对阿尔托今后的有机观念和地域主义思想等的形成产生了潜移默化的影响。阿尔托在尤瓦斯加拉学校完成了他的基础教育，后师从于当地一位优秀的艺术家乔纳斯·赫斯卡（Jonas Heiska）学习绘画（图7-3、图7-4）。1916年，阿尔托考入赫尔辛基理工学院，但由于战争的爆发，他于两年后才正式入学。这一时期，还是学生的阿尔托为自己的父母设计了一栋住宅。1920年，阿尔托出国旅行，经斯德哥尔摩到达哥德堡，为建筑师阿维德·比尔克（ArvidBjerke）担任助手。1922年，在坦佩雷市举办的工业博览会上，阿尔托有了第一个独立完成的作品，并于1923年在尤瓦斯加拉创建了自己的建筑事务所，起名"阿尔瓦·阿尔托-建筑师和不朽的艺术家"。与此同时，他也在为当地报社供稿。阿尔托的事务所一开始以设计小型家庭住宅为主。1924年，阿尔托与建筑师阿依努·马希奥（Aino Marsio）结婚。二人乘坐飞机前往意大利度蜜月，这在当时算得上时髦之举。阿尔托第一次从飞机上看到了芬兰的湖泊，令他震撼不已，设计灵感源源不断地从这些具有优美轮廓的湖泊中产生。阿依努是阿尔托创意的实现者。在一次芬兰企业的玻璃器皿设计竞赛中，阿尔托拿下了前两名，阿依努则占据第三（图7-5、图7-6）。可以说，阿尔托的早期作品是夫妻二人的共同成就。1927年，阿尔托通过竞赛赢得了芬兰西南部农业合作大楼的项目（图7-7），他随即将事务所搬往图尔库，后于1933年迁往赫尔辛基。

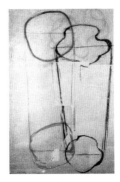

图7-5　阿尔托1936年参加Karhula-littala 玻璃设计竞赛的方案草图

图7-6　阿依努1936年的玻璃器皿设计

阿尔托曾受很多瑞典设计前辈们的影响，尤其是贡纳·阿斯普朗德（Gunnar Asplund）（图7-8）和斯文·马克琉斯（Sven Markelius），他们的建筑风格被称为北欧古典主义，是对早期民族浪漫主义风格的回应，后来逐渐于20世纪20年代末期发展为北欧现代主义。阿尔托早期的住宅设计都追随着北欧古

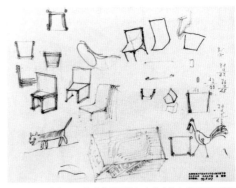

图7-7　阿尔托1927年为芬兰西南部农业合作大楼项目设计的家具

图7-8　贡纳·阿斯普朗德于1922~1923年绘制的斯德哥尔摩斯甘迪尔影院的礼堂

图7-9　维堡图书馆室内天花板的波浪轮廓线

典主义。维堡图书馆的设计是阿尔托由古典转向现代的标志，其室内采用的自然材料、温暖的色调和波动起伏的线条等都体现了阿尔托的人本主义理念（图7-9）。20世纪40年代，阿尔托的有机现代主义逐渐进入成熟期，被称为斯堪的纳维亚式的现代主义。勒·柯布西耶和沃尔特·格罗皮乌斯对阿尔托的启发很大，有一段时期里，他还经常拜访柯布的巴黎事务所。与二位现代主义建筑大师不同的是，身为芬兰人的阿尔托将源自自然的有机理念融入了现代主义。

在20世纪30年代的十年里，阿尔托通过一批成功的项目迅速巩固了自己的地位。例如，维堡市图书馆，图尔库报社大楼和印刷工厂，帕米奥疗养院，以及为哈里·古里申（Harry Gullichson）夫妇设计的乡间住宅——玛利亚别墅（图7-10）。阿尔托当时的项目中很大一部分是位于偏远小镇的工业建筑和工人住宅。1939年，阿尔托设计的纽约世博会芬兰馆被赖特称为"天才的作品"。据称，在建筑设计的个性表达方面，能与赖特比肩的就只有阿尔托。自从埃利尔·沙里宁搬去美国以后，阿尔托在芬兰的建筑设计界就几乎没有对手了。

若想深入理解和分析阿尔托的设

计作品及其灵感所在，你就要熟知阿尔托眼中的艺术。他用艺术解读形式与功能，描述材料及其语义的关系，说明建筑和家具如何与人互动。阿尔托认为艺术家的工作让我们更接近人类和生活的本质。也许阿尔托的设计作品不直接体现绘画或雕塑的影子，他的艺术创作手法也不会直接体现在设计上，但毫无疑问，阿尔托的设计与现代艺术的关系是无法撇开的。例如，在空间处理上，阿尔托就受到保罗·塞尚的影响。

图7-10 玛利亚别墅室内

对阿尔托来说，他更希望用艺术的手段去表达精神与思想，而非只是描绘物质本身。他认为建筑的价值不在于表皮的工艺和材料，不在于单纯的形式，在于深层的内涵，而艺术可以将精神和思想赋予形式。当建筑被注入新的思想，它就可以获得新生。

阿尔托早年曾作为半职业画家，为尤瓦斯加拉的出版社和报社设计书籍封面和插画。终其一生，阿尔托都没有放弃过绘画，浮雕和雕塑艺术也是他爱好的一部分。阿尔托的朋友圈里有很多艺术家，例如亚历山大·考尔德（Alexander Calder），费尔南德·莱热（Fernand Leger）（图7-11），拉兹洛·莫霍利-纳吉等。在斯文·马克琉斯的介绍下，

图7-11 费尔南德·莱热作品

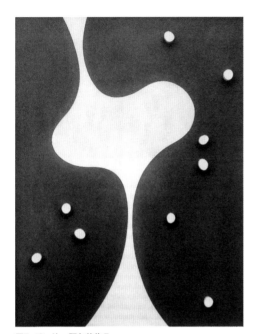

图7-12 让·阿尔普作品

阿尔托成为国际现代建筑协会（CIAM）的一员，陆续参加了1929年的第二次会议和1933年的第四次会议。这期间，他结交了纳吉，并与希格弗莱德·吉迪恩（Sigfried Giedion）和菲利普·莫顿·尚德（Philip Morton Shand）成为好友。吉迪恩夫妇是现代运动的有力推动者。希格弗莱德·吉迪恩是CIAM的秘书，其夫人甘若拉·吉迪恩-威尔克（Garola Giedion-Welcker）是艺术史学家和评论家。

通过吉迪恩夫妇，阿尔托在苏黎世目睹了让·阿尔普（Jean Arp）（图7-12）的有机雕塑作品，令他印象深刻，颇受启发。同时，考尔德（图7-13）在其动态艺术中对体量、运动和光，以及对空气流动和空间转换的奇妙表达，莱热利用色彩和艺术为墙面赋予生命的创作方法等都对阿尔托产生了重要影响。阿尔托本人也是芬兰现代艺术运动的积极推动者，他于1938年牵头举办了第一届赫尔辛基欧洲大陆现代艺术博物馆展。

阿尔托早期的画作展示了他充沛的艺术想象力。15岁时，阿尔托就开始探索如何利用艺术手法来表现空间。在他1914年创作的一幅作品中，蜿蜒的滑

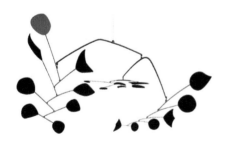

图7-13 亚历山大·考尔德作品

雪跑道逐渐消失于天际，前景是被大雪掩盖的低垂的柳枝（图7-14）。阿尔托用粉色和淡蓝色作为前景主色，突出了雪面上摇曳的光线，雪下的植物采用黄色和绿色。整个画面层次丰富，空间深邃。阿尔托尝试利用色彩来影响人们的视野。在他眼中，艺术的目的不是还原现实，而是引导人们的观念和思想。阿尔托偏爱风景画，很大程度上受到芬兰著名风景画画家佩卡·哈洛宁（Pekka Halonen）（图7-15）的影响。他在赫尔辛基《Iltalehti》做兼职艺术评论作家时，曾表露出对哈洛宁的仰慕，认为哈洛宁的画作中充满情感，常以季节变换的视角来描绘北欧的自然风光。20世纪20年代，勤奋的阿尔托逐渐成长为一位铅笔素描大师，采用轮廓线描绘的手法进行室外创作（图7-16）。

7-14　阿尔托1914年的水彩画作品

20世纪50年代，阿尔托开始醉心于雕塑，常采用铜、大理石等材料。他为苏澳穆斯萨尔米战争纪念设计了一座出色的雕塑作品——倾斜的铜柱子立于基座之上，该雕塑被置于战争所在地。阿尔托宣称，他的绘画不是个性表达的艺术作品，而是他建筑设计过程的一部分，他的小型雕塑试验品日后也都成为其建筑的细节和形式。阿尔

图7-15　佩卡·哈洛宁作品

图7-16 阿尔托的摩洛哥旅行速写

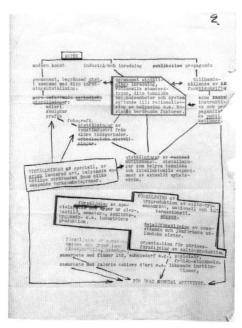

图7-17 1935年的Artek宣言

托也爱好摄影，与海瑞驰·伊夫兰德（Heinrich Iffland）和古斯塔夫·韦林（GustafWelin）等摄影家多有来往。阿尔托建筑摄影的重点不在于还原实景，而是带你进入对该建筑的思辨。1957年，阿尔托当选为美国艺术与科学学会外籍荣誉会员。

1935年，阿尔托夫妇与视觉艺术家玛利亚·古里申（Maire Gullichsen）、艺术史学家尼尔斯-古斯塔夫·哈尔（Nils-Gustav Hahl）共同创建了Artek公司，以售卖阿尔托的作品为主，但也推介和出售其他设计师的优秀作品（图7-17）。阿依努担任Artek的设计总监，玛利亚将主要兴趣放在Artek画廊的建设上，哈尔则是阿尔托的秘书兼助手。Artek首先是阿尔托与其合作者的产品生产和销售平台，这些合作者包括伦敦的Finmar、苏黎世的Wohnbedarf、斯德哥尔摩的SvenskaArtek、布鲁塞尔的S.Jasinski和巴黎的Stylclair等。其次，Artek打出"以艺术为导向、技术为支撑"的创办理念，将自己定位为现代艺术精神的代言人和教育者（图7-18）。创始人们计划在Artek举办有关艺术的临时或永久展览，将家具的展售与绘画、雕塑、摄影等艺术的展售结合起来，还会展陈一些不同年代的物品，例如古董。1936年，阿尔托的家具在Artek画廊开始首展。1937年，在《Cahiers'art》的协助下，Artek举办了第一次芬兰现代艺术展，勃拉克、夏加儿、马蒂斯、毕加索、莱热和考尔德的作品都是座上客。

阿尔托把家具看做是艺术创作的载体，而家具设计就是一种利用不同材料去创作作品的过程。1938年，纽约现代艺术博物馆举办了一次"建筑和家具：阿尔托"展览（图7-19）。他的家具都被挂在墙上，就像艺术品一样。

芬兰的社会传统和气候环境迫使设计师更加关注设计与人、设计与自然的关系。两次大战之间，斯堪的纳维亚国家的设计趋势结合了个性表达、手工艺传统和标准化工业生产，正如阿尔托的设计一样。他偏爱芬兰本地的桦木，认为木材是关怀人性和易成型的材料，有机的形式和木材的属性让家具不那么冷漠。阿尔托的椅子都由标准件组合而成，注重舒适和心理感受。他认为家具形式应是一种接近超现实主义的、自由的、不规则的抽象形式。阿尔托家具设计中的曲线代表着很多含义，他将功能、语义和材料等的表达全部外化到家具形式中。工艺卓越的阿尔托家具呈现

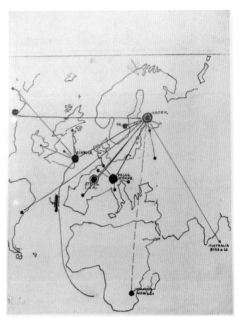

图7-18　Artek销售网

图7-19　1938年纽约现代艺术博物馆阿尔托展

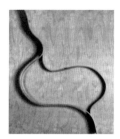

图7-20 阿尔托1934年对胶合板材料的研究

出自然和有机的形态，一度流行于20世纪30～40年代的英国和美国。

阿尔托对约瑟夫·霍夫曼的家具设计有过研究，也曾受到托奈特的曲木椅和布劳耶钢管椅的影响。在20世纪20～30年代，他和阿依努将大部分精力放在材料和家具的研发上，尤其是对胶合板材料及其应用的研究，诞生了很多专利（图7-20）。1931年的夏天，纳吉到访芬兰，将自己1929年出版的《从材料到建筑》的书籍复本赠送给阿尔托。书中提到的有关包豪斯材料研究的过程给了阿尔托很大启发，主要包括三步：一、用结构试验，探索材料的固有属性；二、材料的纹理受到外力的影响，例如材料被弯曲时所呈现的纹理；三、机器的应用，材料可以被合成。

图7-21 悬臂钢管椅

1932年初，阿尔托和瑞士的Wohnbedarf公司签订了一款悬臂钢管椅的授权。这把钢管椅可以叠摞，很节省空间，很快就得到了国际厂商的青睐（图7-21、图7-22）。但它卖得不如预期好，Wohnbedarf在授权的第一年只卖出90把，到1933年的前半年，其销售量就降为零了。据称是因为它的坐面太硬了，瑞士人不喜欢。为了避免使用昂贵的金属钢管，以及摆脱与布劳耶悬臂椅相似的窘况，阿尔托开始研发胶合板椅。这一决定很大程度上也是受了奥托·科霍宁（Otto Korhonen）这位木材加工厂厂主的鼓励。同时，帕米奥疗养院的项目推进了这批胶合板家具的研发（图7-23、图7-24）。1932年3月，胶合板扶手椅、桌子和高背悬臂椅率先亮相，在北欧住宅展上大放异彩。同年6月，阿尔托就把这些家具摆进了帕米奥疗养院，这也是Korhonen工厂接的第一笔大单。高背悬臂椅的框架采用桦木胶合板，周身轮廓几乎全是曲线（图7-25）。坐面和靠背由桦木胶合板一体成型，曲线造型是靠减少胶合板的层数实

图7-22 可叠摞的悬臂钢管椅

图7-23 帕米奥休闲椅

现的。阿尔托是第一个在木质椅子上使用悬臂结构的设计师。阿尔托还为帕米奥疗养院设计了手推车（图7-26），后来于1936年通过再设计走入普通家庭，设计师将原有的两层架板改为单层，并加上一个实用性很强的吊篮。手推车有着胶合板弯曲形成的优美曲线，采用螺钉连接的可拆卸结构。其把手是硬木制的简洁圆柱形，用销钉榫将其与车体接合，而胶合板制的盘形车轮使手推车的形式整体感更强。

图7-24　帕米奥边桌

图7-25　帕米奥高背悬臂椅

阿尔托的家具都以标准件设计为主，便于生产和组合，为用户提供尽可能多的家具形式。这一理念集中体现在阿尔托为维堡图书馆设计的可叠摞三足凳（stool 60）上（图7-27）。胶合板弯曲的"L"形凳腿直接与凳面的底部接合，解决了一直以来存在的面板与承足间的接合难题，并于1935年获得专利，被称为"阿尔托凳腿"。三足凳叠摞后可形成自下而上的螺旋线，具有雕塑般的美感。"L"形腿在变换尺寸后被应用于阿尔托1933～1935年设计的不同椅凳上，体现了一种灵活的标准化（图7-28、图7-29）。在20世纪40年代的战后重建中，阿尔托就在芬兰推动了这种灵活的标准化，大大提升了居民住宅等

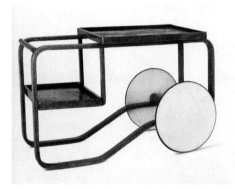

图7-26　帕米奥手推车

图7-27　三足凳（stool 60）

图7-28 "L"形腿的四足凳

图7-29 "L"形腿的椅子

图7-30 扇足桌

建筑的重建效率。阿尔托的"高凳"（high stool）和"三足凳"（stool 60）被放置在苹果专卖店里供消费者使用。在涂饰黑漆之后，这系列的凳子也被"Genius Bar"或其他类似店铺使用。

阿尔托在1954年设计的扇足凳被认为是现代家具中最美的作品之一。凳腿的扇形一端直接与凳面接合，突显出材料的原始美。阿尔托认为，他对家具设计的最大贡献是对一些遗留问题的解决，例如，如何让横向和纵向部件进行连接的问题。阿尔托的研究成果使家具腿能够直接与板面的底部连接，而非通过一个框架或其他辅助的结构。阿尔托1935年设计的桌子（图7-30）由天然的桦木材料制成，色泽雅致且轻便。桌腿与桌面的连接处附加了支架，保证结构坚固的同时实现了桌子造型的统一性。

1933年，阿尔托的家具在米兰三年展和伦敦家具展上亮相，为他带来了家具设计领域的国际声誉。在美国，阿尔托的家具也很快被公众接受和肯定，归功于两次展览。一是1938年在现代艺术博物馆举办的阿尔托的建筑与家具展，二是几年后开办的纽约世界博览会，阿尔托的家具被陈设在芬兰展馆里，背景是芬兰的自然风光和工业盛况。阿尔托在作品中表现出的人性化、艺术创造力和浪漫主义都令美国人觉得新鲜，一些美国现代主义建筑师也开始关注阿尔托的设计了。威廉姆·拉斯科兹（William Lescaze）是阿尔托家具的第一位订购者，订单是两把椅子。乔治·尼尔森（Georg Nelson）也是后来的订购者之一。除此之外，阿尔托对美国家具设计的影响也不容小觑，他对木材的创新应用启发了一批设计师，例如查尔斯·伊姆斯对胶合板家具的研发。

图7-31　阿尔托1958年设计的Pendant灯

　　阿尔托还是优秀的灯具（图7-31）和玻璃器皿设计师。在他的建筑中，自然光和灯具发出的光相得益彰。阿尔托的玻璃器皿设计受到让·阿尔普的有机雕塑的影响，他于1936年设计的花瓶的外形酷似阿米巴原虫（图7-32）。阿尔托让瓶形的负空间与花瓶本身融合，体现出鲜活的生命力。

　　1976年，阿尔托在赫尔辛基逝世，为我们留下了不朽的设计遗产，其影响力长盛不衰。早在1949年，吉迪恩出版了《空间、时间和建筑：一种新传统的成长》一书，作者在书中极力赞颂阿尔托的设计成就，甚至连柯布都没有他耀眼。

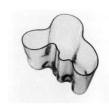

图7-32　阿尔托1936年设计的花瓶

第八章

阿诺·雅各布森

对于北欧人文功能主义的建立，雅各布森同阿尔托一样做出了巨大贡献。这两位立足于北欧但放眼于全球的设计巨匠，都受到艺术创意的本能驱动，在建筑、室内、家具、工业设计等诸多方面硕果累累。与阿尔托在建筑到工业产品设计诸领域都以自然浪漫和地域生态主义为主导不同，雅各布森的建筑与家具呈现出完全不同的设计语言，但都是出自共同的艺术风尚。作为一代顶级建筑大师和工业设计大师的雅各布森，其本身也是卓有成就的园艺师、水彩画家和图案艺术家。自幼酷爱园艺的雅各布森，终生都在用水彩画艺术记录、分析并研究大自然万物的形态、色彩以及图案构成原理。与此同时，他时刻关注现代艺术的迅猛发展，及时吸收来自立体派、构成派、风格派、纯粹派以及至上主义等艺术流派的创意信息，由此衍生出雅各布森建筑中功能主义与几何构成的科学组合。同时，雅各布森又非常热爱民间工艺，这种热爱与他对大自然万物的关注和研究珠联璧合，创造出水滴椅、蚁椅、天鹅椅、蛋椅等一系列划时代的家具珍品。

阿诺·雅各布森（Arne Jacobsen）（图8-1），1902年出生于丹麦哥本哈根。雅各布森是20世纪最具影响力的北欧建筑师和工业设计大师，北欧的现代主义之父。他在建筑、家具、灯饰、衣料以及其他多种应用艺术领域都有深入的研究与卓越的成就。即使距雅各布森离世已有四十多年，他仍享有长盛不衰的国际声誉。继老沙里宁之后，北欧学派的贡献者首推阿尔托和雅各布森。两人都是建筑师出身，在家具设计领域表现非凡，二人的工业设计才能也是有目共睹。比较看来，阿尔托对胶合板的使用几乎都是从二维展开的，但雅各布森从三维进行突破，取得了惊人的成果。

图8-1　阿诺·雅各布森

雅各布森的父亲是一位贸易批发商，母亲是一位银行出纳员，爱好绘画，尤其喜欢绘制花草之类的植物图案。童年的雅各布森是个喜欢恶作剧的孩子，他表现出异常的绘画天赋，也愿意静下心来研究和描画自然。雅各布森的四年中学时代是在一所技术学校度过的。雅各布森儿时的理想是成为一名画家，但在父亲的鼓励下，他跑去学建筑了（图8-2）。20岁那年，雅各布森独自开始游历，他航海去了纽约，生平第一次当了水手。返家后，雅各布森又去德

图8-2　建筑水彩画作品

国做泥瓦匠学徒，接着到意大利边学边画，产出了很多优秀的古典图像水彩画。他对画中的材料和形式进行了生动和细腻的艺术表现。

1924～1927年，他进入丹麦皇家艺术学院学习建筑，师从著名建筑师和设计师凯·菲斯克（Kay Fisker）和卡伊·哥特罗波（Kaj Gottlob）。1925年，还是学生的雅各布森参加了巴黎艺术装饰博览会，经他设计和提交的一把椅子获得银奖。在巴黎期间，他目睹了柯布西耶的"新精神馆"，为之震撼，深受影响。雅各布森在毕业之前还游历了德国，与密斯和格罗皮乌斯等人结交。两位现代主义设计大师的思想被雅各布森借鉴，应用在其早期设计中，包括他的毕业作品。伊姆斯夫妇的胶合板材料研究和应用也为雅各布森带来启发，他同时还受到意大利设计史学家埃尼斯托·罗杰斯（Ernesto Rogers）的观点影响，例如设计不分大小，小到一把汤勺，大到一座城市，都应该被重视。另外，雅各布森的妻子是一位优秀的纺织品设计师，夫妇二人在朝夕相处中彼此启发，相互影响。

第二次世界大战期间，鉴于自己犹太人的背景，雅各布森逃到瑞典以躲避纳粹的迫害。由于物资的匮乏和客户的大幅减少，在接下来的两年里，雅各布森的建筑代表作几乎就是一栋度假小屋。但他无法不设计，凭借着艺术的天赋，雅各布森将精力转到了纺织品和墙纸设计上（图8-3～图8-5）。他从大自然中获取灵感，充分展示了作为画家和制图高手的技能。在与大自然的频繁接触中，雅各布森逐渐培养了体察事物的敏感性，尤其是对事物本真的提炼和捕捉。雅各布森用绘画与自然进行情感沟通，并尝试在自己的设计创意过程中理解和应用它们。雅各布森受到亨利·卢梭（Henri Rousseau）艺术风格的影响，常常沉浸在水彩画创作和大自然研究中。他还是一名园艺师，拥有多处自己建造的园林，偶尔会采摘园子的苹果带给工作室员工们。

1927年，雅各布森进入保罗·霍尔松建筑事务所工作。同年，因Klampenborg的国家艺术画廊设计，雅各布森荣获建筑师协会金奖，并于两年后创建了自己的事务所。在其职业生涯早期，雅各布森就将视野放至国外，但仍以丹麦传统为基石。他不断地通过各种媒体和媒介吸收国际时尚前沿的信息，把握最新的设计理念和风格趋势。雅各布森和弗莱明·拉森（Flemming Lassen）于1929年合作设计了"未来之家"，以一种突破常规的视觉表现力呈现出前卫的设计理念。"未来之家"屋顶的平台还考虑了直升机的降落。1956～1965年，雅各布森在丹麦皇家学院担任建筑学教授一职。

图8-3　1943～1944年的纺织品设计

雅各布森对认定的美学有着近乎苛刻的要求。他会不由分说地让人们把原有的家具从他设计的房子里扔出去。在与工作搭档和制造商的合作中，他显得很难相处，没有包容心。雅各布森要求他的员工围着时间转，而非以家庭为中心，否则就直接走人。在自家装修的过程中，他让家人从几种白漆里选择一种来粉刷。咖啡杯的摆放也必须整齐，且

图8-4　1948年的郁金香图案纺织品设计

图8-5　1946年的墙纸设计

排出几何队形。在雅各布森的建筑作品中，任何一个地方都不能因某个人而改动。难怪，人们戏称雅各布森是独裁者建筑师。

雅各布森的建筑作品是战后北欧设计风格的代表，其丰硕的成果涉及家庭住宅、度假屋、办公大厦和公共建筑。雅各布森的早期作品表现出浪漫新古典主义的特征，后来形成了以功能主义为核心的丹麦现代主义。战后，随着经济的逐渐恢复，建筑的新技术、新材料也迅速发展。雅各布森将这些新思想和新趋势引进丹麦，令密斯、小沙里宁和SOM的设计潮流席卷丹麦。雅各布森并不随波逐流，也没有因大量新信息的涌入而眼花缭乱。相反，他静下心来从细节上研究它们，考虑如何把它们和丹麦的文化结合起来。

雅各布森注重设计中的均衡和比例，认为它们是自己作品的特征，包括雅各布森学生时代的作品，以及其职业生涯后半期中的现代作品。他曾提及，比例是古埃及神庙的精髓，当我们回看文艺复兴和巴洛克时期的那些令人惊叹的建筑时，就会发现它们都无一例外地具有完美的比例。雅各布森的早期建筑采用斜屋顶、暴露砖体的墙面和对称结构。1929年开始，在柯布西耶和密斯的影响下，雅各布森逐渐偏爱平顶、光滑的外墙和镶边的窗户。从做学生起直到1940年，雅各布森每年都要去拜访老朋友艾瑞克·贡纳·阿斯普朗德（Erik Gunnar Asplund）。在与这位建筑大师的聊天中，雅各布森能够获取阿斯普朗德关心的信息，以及他最近接手的项目。当然，二人也会对工作困难展开讨论。阿斯普朗德常为雅各布森排忧解难，以至于这一时期，雅各布森的大部分重要项目都有阿斯普朗德的功劳，例如市政厅、诺沃工厂和斯德林大厦。周边环境与已有建筑是雅各布森设计构思中的重点，他要沟通"新"与

"旧",让二者具有联系。雅各布森认为,每个细节或部分都有它运行的原理,它们进一步被建筑整体的运行原理所支配。

雅各布森的建筑表现为条理、严谨、理性和几何形。他的室内设计具有北欧的温情氛围,家具呈现出有机形态,与其建筑形态大相径庭。雅各布森的家具作品在理性与感性间寻求平衡。他擅长从大自然中攫取灵感,并采用雕塑艺术的创作手法来设计椅子,例如水滴椅、蛋椅和天鹅椅。其创作过程就是从复杂到极简的提炼过程,设计的细节是重中之重。事实上,在项目开始前,雅各布森常常很迷茫,不知道到底想要什么,仅凭自身的直觉思维逐渐找到设计的切入点。他对均衡和比例异常敏感,具备非同寻常的形式塑造的天赋。

弗吉尼亚理工大学的斯科特·普尔(Scott Poole)教授曾提及,雅各布森从未用过"设计师"这个称呼,显然不喜欢它。但不可否认,他的确是一位出色的家具设计师。雅各布森的大部分家具都是为他的建筑项目设计,并与弗芮茨·汉森(Fritz Hansen)公司合作完成(图8-6)。二者于1934年起开始合作。20世纪50年代,雅各布森的家具设计成就达到巅峰。

雅各布森的成名家具是他对胶合板研究和应用的成果,

图8-6 Fritz Hansen公司在制作雅各布森的椅子

图8-7　三足蚁椅

图8-8　四足蚁椅

图8-9　Dot凳

图8-10　皇家宾馆3300系列扶手椅

图8-11　皇家宾馆长颈鹿椅

图8-12　皇家宾馆桌子

图8-13　皇家宾馆606房间室内

他在战前就尝试过这种材料。为了避免与他人的研制产生冲突，雅各布森特意买来一件伊姆斯的最新款椅子。1951~1952年，三足蚁椅诞生了（图8-7）。对丹麦学派来说，这是第一件彻底反传统设计的作品，也是丹麦第一件完全用工业化方式批量制作的家具。

蚁椅堪称商业上最为成功的椅子，设计师用最少的材料和简洁的结构实现了功能，使用舒适且便于运输。很快，可叠摞的四足蚁椅（图8-8）也面世了，成为20世纪现代家具中销量最大的产品之一，尽管汉森公司从一开始并不看好这把椅子的销量。"蚁椅"原本是为丹麦诺和诺德公司的食堂设计的，这是一家国际性的生物制药和健康护理公司。在创作蚁椅期间，雅各布森做了大量的有关椅子设计和制作的工厂实验，Dot凳（图8-9）是其中的成果之一，最终也成为雅各布森的重要作品之一。

20世纪50年代后期，雅各布森承接了北欧航空公司设于哥本哈根市中心的皇家宾馆，他事无巨细地设计了该宾馆的方方面面，包括玻璃幕墙结构、家具、灯具、织物、门把手、餐厅刀具等等（图8-10~图8-15）。蛋椅（图8-16）和天鹅椅（图8-17~图8-19）就是这些作

图8-14 皇家宾馆606房间室内

图8-15 皇家宾馆全景房室内

图8-16 蛋椅

图8-17 天鹅椅

图8-18 1955年的天鹅椅原型

图8-19 天鹅椅系列

品中的佼佼者，它们如同雕塑艺术品一般，是工艺、科技与艺术结合的成果。蛋椅和天鹅椅完全由曲线形成，都是从技术上实现创新的椅子，椅壳是玻璃纤维增强塑料成型，由聚氨酯泡沫填充，最外层包覆皮革。椅子各部分是焊接起来的，带有四脚星型的铝制可转动底座。

1957年，在丹麦艺术与设计博物馆的设计师春季展上，汉森公司推出了一款雅各布森的新品。椅子由柚木制成，坐面和靠背一体成型，带四条木质椅腿。该椅后来在米兰三年展上亮相并获得大奖，其靠背好似张开的双翼，被公认为最出色的展品，Grand Prix椅（图8-20、图8-21）

图8-20 Grand Prix椅

图8-21　Grand Prix椅　　　图8-22　Series7椅

图8-23　餐厅内的水滴椅

图8-24　水滴椅

图8-25　圣卡萨里那学院扶手椅原型

图8-26　圣卡萨里那学院高背晚宴椅

图8-27　牛津椅系列

之名也因此诞生。雅各布森于1955年设计了一把汉森公司迄今为止最为畅销的椅子——Series7椅（图8-22）。这把胶合板成型的可叠摞椅子是"蚁椅"的设计衍伸。水滴椅（图8-23、图8-24）是雅各布森在1958年为哥本哈根雷迪森皇家酒店设计的，当时只生产了满足酒店使用的有限数量。该椅带有劲挺精瘦的不锈钢椅腿。其椅背与坐面是一个整体的弯折曲面，形似水滴，采用了玻璃纤维增强塑料，并填充一次性成型海绵，最外层包覆羊毛绒布或皮革。大概21世纪初，水滴椅才正式批量生产。

英国牛津圣卡萨里那学院是雅各布森在20世纪60年代初期的建筑作品。为了践行建筑与家具设计一体化的理念，雅各布森为该学院设计了家具（图8-25、图8-26），以"牛津椅"系列椅子为代表。项目完成后，他也获颁牛津荣誉博士头衔。牛津椅（图8-27）的靠背和坐面是单曲线胶合板成型的。其高高的靠背带有超现实主义的色彩，承担着室内空间分割的作用，与麦金托什的高背椅有异曲同工之妙。

传统艺术与文化是雅各布森设计灵感的重要来源。1935年，他为一家餐厅设计了"中国椅"（图8-28），后来被陈设于圣史提芬银行室内。该椅是明式灯挂椅的现代设计版，后腿以弧线形式延伸至靠背，椅脑两端出头，椅背是条形背板，坐面绷皮革。雅各布森对中国传统家具做过研究，并亲手制作了明代家具的比例模型。

图8-28 "中国椅"

　　1971年，在活跃于丹麦建筑和设计领域达半个世纪后，这位传奇人物在故乡辞世。除了著名建筑师的名头外，雅各布森也是一位非常成功的工业设计师，分别于1967年和1969年斩获丹麦工业设计奖。灯具（图8-29）、金属制品、钟表、纺织品和卫浴产品等都是他涉足的品类。在《2001：太空奥德赛》电影中，雅各布森设计的扁平餐具中的勺子成为配角之一，通用于左右手使用，展现了一种未来主义的魅力。1967年，雅各布森为斯特滕设计的产品被称为圆筒线系列（图8-30），包括茶壶、咖啡壶、糖罐、冰桶、调酒器等。这些产品于1968年获得由美国室内设计师协会颁发的国际设计奖，后来被全世界多个设计博物馆永久收藏。"圆筒线"也成为那个时期斯堪的纳维亚设计的标志。

图8-29 Bell 灯具设计

　　无论是理性的建筑，还是与人亲密接触的物品，雅各布森都能灵活地采用

图8-30 圆筒线系列

多样化的设计理念和方法，而非只遵循一种固定模式。R·柯瑞格·米勒（R. Craig Miller）在其《设计1935~1989，现代是什么》一书中提及，丹麦乃至斯堪的纳维亚现代主义的形成，以及它们在现代运动中特殊地位的创立，都离不开雅各布森的巨大贡献。

第九章
伊姆斯夫妇

伊姆斯夫妇是20世纪最重要的设计大师组合团队，他们实现了艺术创意、科技与材料的完美结合，从而创造出一大批影响深远并难以被超越的经典设计作品。作为建筑师，查尔斯·伊姆斯终生对材料和现代科技抱有浓厚的兴趣，而他的夫人雷·伊姆斯则是一位卓越的艺术家，尤其擅长于将艺术融入设计当中。雷早年专攻绘画，后尤其专注于抽象绘画。雷受到著名艺术大师康定斯基、克利、卡尔德、布朗库西、阿尔普等人的强烈影响，但雷最成功的事业并非创造出新的抽象绘画流派，而是将抽象绘画的基本原理和造型语言合理而富于创意地应用于建筑、室内、展览、视觉设计、电影，尤其是家具设计当中。与此同时，伊姆斯夫妇在匡溪艺术学院的同事哈里·伯托埃是美国最著名的金属雕塑家之一，为查尔斯的设计提供了雕塑构思方面的灵感。而当年全美首屈一指的建筑与设计大师小沙里宁是伊姆斯夫妇的好友，会时常点评甚至参与他们的设计。第二次世界大战之后的伊姆斯夫妇可谓生逢其时，尽占天时地利人和，为这个时代创造出一系列堪称"美学光彩与技术创造的结合"的经典作品。

图9-1 伊姆斯夫妇

伊姆斯夫妇（查尔斯·伊姆斯和雷·伊姆斯）（图9-1）是20世纪最有影响力和创造力的设计搭档，在一些著述里被称为20世纪最有代表性，也是商业上最为成功的设计大师，或直接被冠以20世纪的设计师称号。伊姆斯夫妇为我们留下了建筑、家具、玩具、电影、展览、书籍和图形设计方面的大量宝贵遗产。就纪录片来说，他们曾代表美国政府在世界各地进行多媒体影视展览。二人是跨界设计的典范。查尔斯主攻科技与材料的研究，而他的艺术家夫人——雷的艺术思想令他们的创意源源不断。可以说，多领域的艺术创意碰撞在一起，令夫妇二人产生了多领域的经典作品。

查尔斯·伊姆斯1907年生于美国密苏里州的圣路易斯，他在那里上学并随之对工程和建筑产生了兴趣。在华盛顿大学求学期间，他受到赖特的影响，毕业后在一家建筑事务所工作。1930年，查尔斯开了自己的建筑工作室，但后来开始关注一些建筑之外的设计领域。在匡溪艺术学院学习的查尔斯，逐渐成长为那里的设计主力。查尔斯与小沙里宁就结识于匡溪学院，二人一见如故，自此建立了深厚的友谊。1933~1934年，查尔斯离家旅行，期间靠一些绘画作品（图9-2、图9-3）

图9-2 查尔斯1033~1934年的绘画作品

来交换食物和住宿。

雷·伊姆斯1912年出生于加利福尼亚的萨克拉门托，她是在匡溪艺术学院遇到查尔斯的。当时她正协助查尔斯和小沙里宁准备纽约现代艺术博物馆的有机家具比赛，这件作品最终帮他们赢得了两项第一名。雷学绘画出身，她在进入匡溪学院之前就是成功的艺术家，并加入美国抽象艺术家联盟。在匡溪学院期间，她将艺术融入设计，引起了老沙里宁的关注，毕业后留校任教。雷在纽约求学期间曾师从画家汉斯·霍夫曼。让·阿尔普（Jean Arp）、亚历山大·卡尔德（Alexander Calder）、康斯坦丁·布兰诺西（Constantin Brancusi）对雷的影响也很大。此外，雷还在美国舞蹈家玛莎·格雷厄姆的舞蹈班上学习过。所有这些艺术思想都为伊姆斯夫妇的创作提供了灵感。雷曾为《艺术与建筑》杂志设计了一系列封面（图9-4、图9-5），她的胶合板抽象作品也在纽约现代艺术博物馆展出。雷在《线与色彩》一文中提到，很难脱离美学和哲学去单独谈论绘画。在过去的很多年里，西方世界都沉醉于表面装饰的变化，或者在基本形式上作一些无意义的粉饰。这些可能归咎于战争年代里的经济需要，或

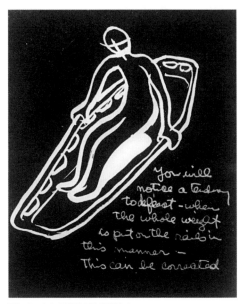

图9-3 查尔斯的绘画与解释文本

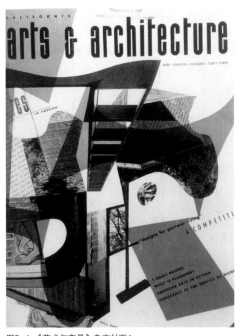

图9-4 《艺术与家具》杂志封面1

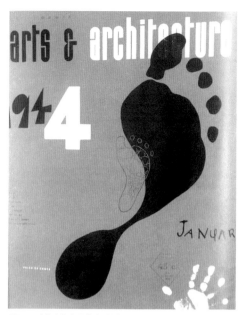

图9-5 《艺术与家具》杂志封面2

者只是因为美学需求。但是，具有创新敏感度的人们都急切地想要改变这个状况。雷倾向于去关注真实的、优质而充满活力的美妙形式。她在绘画上的兴趣令她重新审视形式，并利用艺术的媒介去激发创意。

伊姆斯夫妇的玻璃钢作品几乎是雷的抽象画的实物作品，二人一生都在收集世界各地的民间艺术品和工艺品。在伊姆斯夫妇的团队里，哈里·伯托埃（Harry Bertoia）也是重要一员，他有着雕塑家的背景，出生于意大利圣劳伦佐。伯托埃也曾在匡溪学院学习，期间开设金属工作室并担任金属工艺系主任。他的金属雕塑作品为伊姆斯夫妇带来灵感。

查尔斯和雷在1941年结婚，之后搬到加利福尼亚，继续他们的胶合板家具设计事业。1947~1984年间，伊姆斯夫妇共设计了25件家具系列作品，其中的19件作品被现代艺术博物馆永久收藏，有17件至今仍在生产。他们的住宅设计仍激励着一代又一代建筑师，电影作品也成为好莱坞导演和游戏设计师们的重要参考。伊姆斯工作室的成员今天还在画家具设计图，明天可能就在拍电影。没有专门划分出来的家具部门，对他们来说，处理问题的方式是一样的。同时，伊姆斯夫妇还给我们留下了大量的撰文和超过100部的电影。艾利尔·沙里宁、埃罗·沙里宁、弗兰克·劳埃德·赖特、密斯·凡·德·罗、阿尔瓦·阿尔托和勒·柯布西耶等都对伊姆斯夫妇产生过深刻影响。

图9-6　胶合板飞行员座椅

图9-7　胶合板腿部夹板

伊姆斯工作室有三类业务：一是商业性业务；二是公共性业务，主要是图书馆、博物馆和政府业务；三是教育机构。他们的日常工作不只是埋头做设计，还极力推动设计教育与思想传播。商业部分的业务是跟Herman miller and Vitra、Plus IBM、Westinghouse、Polaroid、Boeing等公司的合作。公共业务方面，他们与美国联邦政府、印度、波多黎各、联合国秘书处等都打过交道，协助印度建立了印度的国家设计学院。伊姆斯夫妇在教育服务方面树立了榜样。他们曾作为访问教授在很多大学演讲，例如佐治亚大学、加州大学和哈佛大学等。

图9-8　三片胶合板成型实验，1946年

第二次世界大战期间，伊姆斯夫妇受美国军队委托，设计和生产胶合板的夹板、担架和实验性的滑翔机机壳等（图9-6）。当时的伤员装的是金属假肢，有很多劣势。阿尔托发明了胶合板之后，伊姆斯尝试将胶合板应用于假肢，这些产品现存于多个博物馆。胶合板腿部夹板（图9-7）是第一次三维成型的胶合板结构，也让他尝试使用了专业的工业成型设备和高强度的防水黏合剂。到战争结束时，伊姆斯夫妇共生产了150000副夹板，让他们对胶合板部件批量生产技术了然于心。得益于胶合板假肢对人体的良好支撑，夫妇二人又将胶合板应用于家具，创造了三维成型胶合板家具的辉煌（图9-8、图9-9）。在第二次世界大战后的背景下，设计师们对工业材料的应用范围很广，例如钢铁、铝、玻璃等（图9-10）。伊姆斯夫妇将艺术、科技、材料等结合起来，获得了很多成就。

图9-9　单壳模压胶合板实验

图9-10　铝制椅子模型

图9-11　雷·伊姆斯的绘画作品

伊姆斯夫妇作品的形态大多来自于雷的雕塑和绘画（图9-11），是为了重塑阿尔普的生物形态特征，或者约安·米罗（Joan Miró）的弯曲笔迹。雷绘画艺术中的美学与1945年的DCM椅和DCW椅的形态直接相关。如图9-12所示的这件胶合板材料的雕塑创作于1943年，融合了艺术、雕塑和工业设计。这件雕塑很明显是由一张胶合板切割和成型的。从这件雕塑材料露出的边缘可以看出，大概分了8~12层。胶合板的层次需要在设计过程开始时被确定，以便满足作品的弯曲程度、曲线轮廓，以及结构需求等。一旦形态基本成型后，这件雕塑就进入后期工艺处理，例如修剪边缘、手工打磨表面等。

　　伊姆斯夫妇认为一件好设计的诞生是有条件限制的。他们在研究历史后得出结论，过去伟大的建筑和设计都是在有限的资源和技术下实现的。查尔斯认为，前工业时期的商品是靠煤炭、自然材料，例如木材、羊毛、黏土等制造。住宅的建造一般不需要耗费巨资或做过多选择，反而是温暖、平和和舒适的。伊姆斯夫妇认为现在是"选择的时代"，选择的标准很重要。他们提倡适当设置一些约束条件，尤其是在充斥着眼花缭

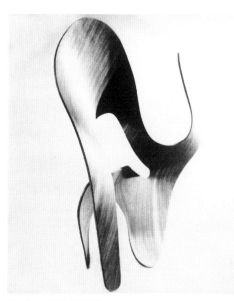

图9-12　雷的胶合板雕塑

乱的机器制造的物品、各种新流程和合成材料的现代世界，"约束"将优于"放纵"。战争一结束，伊姆斯夫妇就将精力放在他们的最初目标上，执著地设计那些可以批量生产的、高品质的、买得起的椅子。

图9-13　模压胶合板大象凳

　　伊姆斯夫妇认为，任何设计到头来都是在寻找一种解决问题的工具。就椅子而言，人们应该怎么坐？如何得到愉悦？如何与环境保持友好？他们希望为传统的坐姿设计一种优质的坐具，使之能够涵盖大众产品所应具有的一切优良品质，人见人爱（图9-13）。

　　查尔斯通常将自己设计的家具摆在室内，与它们朝夕相处，来验证设计是否成功。他认为，如果家具被置于一个适宜的空间或环境中，它就能达到隐身的效果。当它不再是空间焦点时，它就能以最佳状态服务主人，像一位称职的仆人。比起设计突破来说，查尔斯更看重作品应扮演何种角色。他总是以整体的视角来欣赏东方漆器，彩绘和珐琅就不仅仅是装饰那么简单了。家具可以通过直线或曲线在空间内扮演角色（图9-14），但需要与空间配合，绝不是独角戏。

图9-14　模压胶合板屏风

　　1946年，Evans开始生产伊姆斯夫妇的胶合板家具，他们的椅子被建筑评论家以斯帖·麦考伊（Esther McCoy）称为"世纪之椅"。1946年的DCM（Dining Chair Metal）椅（图9-15）迅速成为美国设计的经典。它的坐面和靠背形态符合人体坐姿需求，即使没有织物的包覆，也很舒适。这把椅子的创作始于20世纪40年代早期，伊姆斯第一次尝试将胶合板弯曲成复杂的曲线。胶合板工艺减轻了椅子的重量，确立了一种现代家具设计的基础。他们的这些实验对设计界产生了十分深远的影响。

　　DCM椅服务的人群应该是多样化的。伊姆斯夫妇首先对大量的人体的不同形态和姿态进行了研究，取平均值和极限值。

图9-15　DCM椅

图9-16 胶合板腿式DCW椅

图9-17 LCM椅

图9-18 毛皮覆盖的胶合板腿式LCW椅

他们原本想将坐面和背板一体成型，但以失败告终。考虑到"忠于材料"的理念，DCM椅的坐面和背板被分离了。金属杆是以最细腻的线条来提供高强度的最好形式。三条腿的椅子在地面不平的时候趋向于稳定。但当使用者俯身捡东西的时候，后面那根独腿就帮不了什么忙了，四条腿还是最好的。伊姆斯夫妇陆续对表面纹饰和处理、椅子拿取的方式、颜色、选用的木材等都做了细致而系统的考虑。在他们看来，一把椅子从上至下都应该是完美的。伊姆斯夫妇还做了一些批量生产DCM椅的基本工具。1946年，现代艺术博物馆举办了一次名为"查尔斯·伊姆斯设计的新家具"的展览。该博物馆的工业设计主编——艾略特·诺伊斯（Eliot Noyes）宣称，伊姆斯夫妇的胶合板成型家具是"美学光彩与技术创造的结合"。1951年，DCM椅经Herman Miller公司销售，达到了一个月出售2000件的记录。各种DCM椅的变体系列也随之出现，例如胶合板腿式的DCW椅（图9-16），以及更为低矮休闲的LCM椅（图9-17）和LCW椅（图9-18），很多产品至今仍在生产。

图9-19是伊姆斯夫妇1956年设计的躺椅和脚凳，它结合了现代工业加工技术和复杂的手工艺（图9-20），是20世纪中期现代设计的代表。伊姆斯夫妇想让它们看起来有棒球手套的温暖感觉。它的确是件有爱的椅子，为使用者提供尽可能久的舒适，让他们放松下来或沉静地思考。可旋转的椅子主体令坐姿更自由。椅子以胶合板形成框架，包覆软垫。软垫的填充材料选用了羽绒，除坐感舒适外，羽绒软垫能够在使用者起身后迅速恢复原状，仍然保持饱满优雅的形态。该躺椅和脚凳成为舒适的象征，这也正是这对设计师夫妇所追求的。

Shell椅（图9-21、图9-22）是1949年诞生的，采用玻璃纤维成型。壳椅主要由两部分构成，一是模制的上半部，包括一体成型的坐面和靠背等，二是下部的腿足支架。La Chaise椅（图9-23）也是纽约现代艺术博物馆有机家具比赛的作品。它的名字既表达了功能又影射了加斯顿·拉雪兹（Gaston Lachaise）的"漂浮的人体"的雕塑，伊姆斯认为此雕塑的形态与这把椅子很匹配。La Chaise椅由两部分玻璃纤维成型的壳体组成，带镀铬合金的支架加橡木腿，可以满足坐姿或躺姿。La Chaise椅在伊姆斯夫妇生前没有被销售，因为生产成本太高了。直到1996年，鉴于公众的兴趣和需求，Vitra公司才开始投产这件长椅。

Wire椅（图9-24）是壳椅的演化。20世纪50年代，伊姆斯夫妇开始在作品上实验弯曲和焊接金属丝，这件金属丝椅就在壳椅的形态上诞生了。金属丝椅

图9-19 躺椅和脚凳

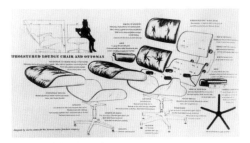

图9-20 躺椅和脚凳示意图

图9-21 早期的Shell椅系列

图9-22　shell椅系列

图9-23　La Chaise椅

图9-24　Wire椅

可以不加软包，只要一个坐垫或者再加上靠垫，二者的形式看起来很像穿在椅子上的比基尼。胡桃木凳（图9-25）的雕塑感很强，既是坐具又是可以放置咖啡杯和茶杯的边桌。最大的挑战是坐面的凹面处理，其深浅是否合理直接决定了舒适度的大小。该凳子有三个不同的版本，体现在支撑坐面的中间部位。

1940～1941年，查尔斯·伊姆斯与小沙里宁合作参加纽约现代艺术博物馆组织的家具设计竞赛，参赛的胶合板椅拔得头筹。二人探索了胶合板的复杂曲面成型工艺，亲自制作和调试家具部件，经历了数百次的各项试验。橡胶连接件、胶合板部件连接件的发明影响了后来的家具结构。关于获奖作品，查尔斯认为小沙里宁的设想启发了他们，他只是做了突破并且让这个设想更加明朗化了。他们首先将椅子分解为若干必要的影响因素，并针对每个因素展开数以百计的测试和研究，逐步找到某一因素的最佳解决办法。接着，设计师们又通过大量的实验寻找一种整合所有因素的符合逻辑的方法。最终，这种胶合板椅在竞赛和市场上都取得了巨大成功（图9-26）。

伊姆斯夫妇的模块化储物家具（图

9-27）采用了简洁的结构和标准化的部件。各类单元可以被随意组装，在卧室、餐厅、起居室里被任意使用，或者仅仅作为空间的分割单元。储物柜的颜色设计十分灵活和自由。以纯净而明朗的红、黄和蓝色为主，它们与中性的底色，或者桦木和胡桃木的原色形成对比。

借《艺术与建筑》杂志发起的低价样板房设计计划，伊姆斯夫妇在太平洋帕利瑟得设计并建造了一栋住宅，体现了工业技术推动建筑设计变革的理念。该住宅主体由钢架和玻璃搭建，仅由5个人经16小时完成。房顶和楼层也在三天内施工完毕。设计师在钢的框架里嵌入了彩色的具有不同透明度的面板，跳跃的色块让严肃的住宅显得活泼了。夫妇二人在这里居住并工作，相伴度过了余生（图9-28、图9-29）。

伊姆斯夫妇的电影短小精悍，直击热点，用一种幽默的方式将你带入他们想要表达的思想和境界中。查尔斯将电影看做是信息传播的媒介，而非艺术家表达神秘和浪漫的行为。他的电影艺术揭示了电影的本质，即一种表达理想或理念的新方式。伊姆斯夫妇用电影来记录和演绎自己的生活与工作，他们绝非只是单纯的电影拍摄者（图9-30）。

图9-25　胡桃木凳

图9-26　1940年的胶合板实验椅

图9-27　ESU模块化储物家具

图9-28　伊姆斯夫妇住宅兼工作室

图9-29　伊姆斯夫妇住宅兼工作室室内

查尔斯的电影创作开始于克兰布鲁克学院，也在MGM做过兼职布景设计师。在结识了比利·维尔德这些好莱坞电影圈人士后，伊姆斯夫妇于1950年开始涉足电影行业。在之后的15年里，他们在爱丁堡、墨尔本、旧金山、美国、曼海姆、蒙特利尔和伦敦电影节上赢得多项殊荣，代表作有《玩具火车托卡特》（1957），《游行》（1952）和《陀螺》（1969）（图9-31）。伊姆斯夫妇是从幻灯片演示踏入电影创作大门的。1953年，在佐治亚大学和UCLA，他们首次利用多媒体技术公开放映了《一份假想课程的样本课草图》，乔治·尼尔森和亚历山大·吉拉德也在场。在1959年的莫斯科"美国掠影"展览中，伊姆斯夫妇利用多屏幕来放映图片。7个32英尺的屏幕上快速播放着2200张图片，再配合爱默尔·伯恩斯坦的音效设计，整个视听效果十分惊人和感人。

伊姆斯夫妇认为：一切设计的难题在于寻找解决问题的工具，最明智的是你要知道自己到底要什么。他们更推崇演进式设计而非改革性设计。设计不是创意的花式表演，应该是为了解决某种问题而存在。但凡提起他们的作品，伊姆斯夫妇都会亮出"基本要点"（"nuts and bolts"）这个词，因为它能更好地说明两位设计师的作品是如何诞生的。有了这个思路，他们才会在产品设计中去研究材料和技术，才会关注展陈设计中的每个细节，包括材料的研究、理念的创新、陈列的结构等。他们为大都会艺术博物馆、洛杉矶艺术博物馆和史密森学会做过的展陈设计令世人印象深刻。

伊姆斯夫妇在撰文中对各个领域的艺术史旁征博引，从保罗·列维尔德的银器、玛雅的神庙到沙特尔大教堂和温莎椅。伊姆斯夫妇的理论性文章都是自由体，因为他们不想囿于正统设计理论和美学研究的框架。这些"自由体"特征也表现在家具上。对比他们前后两三年内陆续完成的两把椅子，La Chaise 椅完全是曲线的，而ESU系列储物柜只是采用了圆角。套用他们朋友比利·兰西（Bill Lacy）的话，没有什么伊姆斯风格，有的只是完美解决问题的方式。查尔斯常被归为现代主义设计大师，但他不认为自己属于任何一类"主义"。对于查尔斯来说，"功能"从来不是只停留在理论上，它是针对个体的最基本服务。设计师要综合考虑需求分析、各种工具的使用以及他们能够涉猎的各类相关信息来实现这一服务。查尔斯曾谈到，设

图9-30 伊姆斯夫妇在拍摄电影

图9-31 伊姆斯夫妇1969年的电影《陀螺》

计师事实上扮演了一位有品位和有思想的主人角色，他会全身心为那些走进他们的建筑，或者使用他们产品的客人们服务。时代变了，但是解决问题的方式依然如故，设计师应当主动摄取关于需求的更明朗的概念，也应该去了解材料和技术，以便帮助他们更好地解决设计问题。

谈及艺术家与工业的关系时，查尔斯认为艺术家在工业中可扮演的角色多种多样，可以是艺术家—设计师、艺术家—总经理、艺术家—工程师，或者艺术家—销售经理。工程类人员将会逐渐发现艺术的包容性，以及对项目发展的推动作用，尤其体现在思想和理念的扩展上。出于自身的经验，伊姆斯夫妇建议那些未来想要从事创意工作的孩子们，将现有的精力用来绘画或者涂鸦。一些艺术课程的参与，将会引导他们关注历史，并提高他们的鉴赏水平。

第十章
埃罗·沙里宁

从小就是神童的埃罗·沙里宁（俗称小沙里宁）命中注定要成为现代建筑和设计领域最有艺术感染力的创意大师。小沙里宁出身名门，父亲老沙里宁是北欧设计学派鼻祖，母亲是著名雕塑家和纺织品设计师，姐姐是著名室内设计师。此外，小沙里宁从童年时代开始就因父母的关系接触到世界各地的设计大师和艺术与文化名流，从而使他获得多向度的艺术养分，而遗传自母亲的雕塑天分后来成为其艺术天赋和艺术创意中最主要的组成部分。小沙里宁自幼在家里自学绘画和设计，到19岁时开始在巴黎系统学习雕塑，而后又在耶鲁大学研读建筑，并获奖学金赴欧洲研究雕塑两年。此番研究使小沙里宁不仅对意大利古典雕塑传统了然于心，更让他对罗丹、布朗库西、卡尔德和摩尔的现代雕塑理念心领神会。此后，由雕塑创意引发的艺术创造力使小沙里宁在建筑和家具诸领域不断创造辉煌，无论是建筑还是家具作品，每一件都成为20世纪现代设计的经典。小沙里宁的家具作品由功能入手，以雕塑艺术为创意启发造型语言，以材料研究成就设计手法，最终成就现代经典。

图10-1　埃罗·沙里宁

图10-2　小沙里宁登上1956年的《时代》杂志封面

图10-3　童年时的小沙里宁就以肥皂雕塑获奖

埃罗·沙里宁（Eero Saarinen）（图10-1），又称小沙里宁，1910年出生于芬兰的基尔科努米。其家庭人才济济，父亲为北欧现代设计学派的鼻祖埃利尔·沙里宁（老沙里宁，参见第三章），母亲是雕塑家、纺织品设计师、建筑模型设计师和摄影师，小沙里宁的姐姐也是一位出色的室内装饰设计师。老沙里宁有一大波享誉艺术界和设计界的大师朋友们，他们时不时来串门，谈工作或者聊天。一些文化界的名人也是沙里宁家的常客，例如德国艺术历史学家朱利斯·迈耶-格拉菲（Julius Meier-Graefe），他也是《Kunstblatt》杂志的主编，俄国作家马克西姆·高尔基（Maxim Gorky），芬兰音乐家让·西柳贝斯（Jean Sibelius）。他们都对小沙里宁思想的活跃和眼界的开阔产生了影响。小沙里宁童年的大部分时间都在父亲的工作室里度过，耳濡目染中，小沙里宁十二岁就获得瑞典火柴设计国际竞赛的第一名，十七岁就设计了瑞典大剧院。

　　美国设计历史上有两个天才，一个是弗兰克·劳埃德·赖特（参见第三章），一个就是小沙里宁，他的每件作品都堪称国宝级，他被称为20世纪最伟大的设计创新者，集中体现在他对美国乃至世界建筑和家具设计的贡献（图10-2）。不得不说，他作品中不断强调的雕塑性创造力正是源自其艺术才华（图10-3）。

　　小沙里宁从小就学习绘画（图10-4），于1924年随父亲移居美国，在那里的艺术界遇到很多大师级人物。1929年，小沙里宁开始在巴黎艺术学院学习雕塑，后又在耶鲁大学学习建筑，于1934年毕业。耶鲁大学建筑系基础课程要求学生们每年都参与 Beaux-

Art设计学院的项目，之后将方案送到纽约参加国家竞赛。小沙里宁第一年的方案全部获奖，包括水塔、警察局、学院院长住宅和花园俱乐部大楼等。课余时间，小沙里宁的爱好广泛而丰富，不是在学习，就是走在去学习的路上。他参加了Biennial Grand Ball装饰委员会，除基础设计学习和手绘练习外，他还饶有兴趣地研读机械工程、中世纪建筑和经济学。

优秀的学业为小沙里宁争取到了两年的旅欧奖学金，他在欧洲和北非旅行了一年后（图10-5、图10-6），将另一年的时间留给了祖国芬兰。欧洲传统和芬兰传统都在他心里刻下烙印，成为他日后设计思想和方法形成的基础。旅行结束后，小沙里宁回到匡溪学院任教，在父亲的事务所与其共事。战争期间，小沙里宁被招募到军队的战略服务办公室，为白宫提供设计服务，直到1944年结束。1950年，父亲去世，小沙里宁创建了自己的事务所。小沙里宁的第二任妻子艾琳 B. 沙里宁（Aline B.Saarinen）是《纽约时代》的艺术评论家，也是小沙里宁的知己和事业伙伴。

小沙里宁职业生涯中的辉煌成就离不开以下三个方面：其一，他早年在匡

图10-4　小沙里宁的人体素描作品

图10-5　小沙里宁的埃及主题水彩画作品

图10-6 小沙里宁的埃及主题水彩画作品

图10-7 小沙里宁和查尔斯

溪学院研修了家具设计，任教期间结识了很多有志之士，灵感的碰撞与思想的交流自然很频繁。同时，与父亲的共事为他带来了丰富的从业经验。其二，小沙里宁与奥伦斯·诺尔（Orence Knoll）、查尔斯·伊姆斯（参见第九章）（图10-7）、哈里·伯托埃（Harry Bertoia）、尼尔斯·迪夫里恩特（Niels Diffrient）的友谊与合作，极大地推进了他的事业发展。其三，与小沙里宁合作的企业大多为当时美国各行业的领头羊，支持他在设计中对材料和技术的更新，为其实现设计理想提供了直接帮助。

小沙里宁的事务所在20世纪50年代成长得很快，十年间雇用了超过一百位来自全世界各地的建筑师。他慧眼识人才，招纳了很多强有力的事业拍档们。例如负责技术和材料创新工作的约翰·丁克路（John Dinkeloo），小沙里宁的设计好帮手凯文·洛克（Kevin Roche）。其他如贡纳·伯克茨（Gunnar Birkerts）、格兰·鲍尔森（Glen Paulsen）、西萨·佩里（Cesar Pelli）、沃伦·帕拉纳（Warren Platner）等业界精英都是小沙里宁公司的顶梁柱。

小沙里宁注重科学、技术与材料的结合，在设计中践行有机现代主义。为了创造雕塑性的建筑形式，他发展出以制作和测量超大模型为手段的设计方法。小沙里宁的建筑才华集中体现在1956～1962年为美国环球航空公司设计的纽约肯尼迪机场候机楼，1963年的华盛顿特区杜勒斯国际机场候机楼和圣路易斯杰斐逊国家纪念馆。有必要提及的是，若没有小沙里宁，我们很可能看不到今天的悉尼歌剧院，正是他当年将约翰·伍重（Jorn Utzon）的歌剧院设计从废弃方案中重新选出。

第二次世界大战后的美国，人们将兴趣和精力重新拉回到生活享受和身份塑造，对更高更好的教育、汽车文化、飞机旅行、流行和娱乐文化、最新的信息技术等都有迫切需求。小沙里宁的作品没有固定风格，会为特定的工作采取不同的方法，符合美国思想中无拘无束自由选择的观念。多样性不仅代表了美国人的身份和价值观，也诞生了多样化的建筑主体，涵盖从地域现代主义到历史纪念性的表达。小沙里宁的撰文和演讲都证明他在实施一种时代性的建筑设计方法。小沙里宁的作品是多种因素综合考量和结合的成果，包括不可预测的风化环境、市场状况、建筑师与客户喜好之间的平衡、建筑形式与结构的匹配等，这让小沙里宁的业务量迅速达到巅峰，很快就在美国建立了威望。

小沙里宁属于第二代现代设计大师梯队，其他还包括菲利普·约翰逊（Philip Johnson）和雅马萨奇（Minoru Yamasaki）等人。美国第二代建筑师倾向于关注精美的细节、色彩和光线效果。那些奇幻的技术亮点可能只是为了取悦，就像小沙里宁为通用汽车公司的设计总监哈里·厄尔（Harley Earl）设计的汽车造型的桌子和流线型的木质衣柜一样。相当长时期里，小沙里宁的作品都代表着第二次世界大战后的美国在国际上的设计形象，这一时期被亨利·R·卢斯（Henry R.Luce）称为"美国世纪"，他是《时代、财富和生活》杂志的创办者。

在小沙里宁眼里，建筑就像艺术，尤其是雕塑，它们的创作思路是共通的。他称自己为形式塑造者，作品都展现出强烈的雕塑感。到20世纪50年代中期，小沙里宁不仅是时代最伟大的建筑师之一，也是最受争议的建筑师之一。人们认为他的建筑形式太任性了，与正统的现代主义建筑作品及其理念大相径庭。1956年，布鲁诺·赛维（Bruno Zevi）这样评价新完工的克雷斯基礼拜堂和礼堂，他认为小沙里宁违背了"形式服从功能"的原则，令现代建筑倒退了。与此同时，小沙里宁的通用汽车技术中心却收获了大批点赞，暗含历史主义隐喻的伦敦美国大使馆设计又把他塑造为地地道道的现代主义者。总之，小沙里宁的建筑手法没有刻板和固定的章法，灵活而多样。像瑞纳尔·班汉（Reyner Banham）这样的评论家们都是一头雾水，不知如何评价小沙里宁的设计风格。

小沙里宁的建筑之所以被大众广泛接受和认可，其原因是，相比大部分现代建筑，他的设计更接地气，常以一种大众能够读懂看明白的象征手法来设计建筑。英格斯冰球馆被戏称为"耶鲁的海盗船"，肯尼迪机场TWA航站楼是人们眼中的"大鸟"（图10-8），而作为杰弗

图10-8 美国肯尼迪机场TWA航站楼

逊国土开拓纪念碑的圣路易斯拱门则是通往美国西部的大门。1962年，《建筑论坛》将贝尔实验室称作"有史以来最大的镜子"。小沙里宁通过对技术的持续创新来激发大众对建筑的想象力。面对那些计算机和电视等新技术领域的领导者们，例如IBM创始人托马斯J·沃森（Thomas J.Watson），哥伦比亚广播公司的弗兰克·斯坦顿（Frank Stanton），小沙里宁也不甘落后，为他们的委托项目研发了带氯丁橡胶垫衬的窗户、镜面玻璃和超薄金属墙面。一些大学的高层管理者们也很支持小沙里宁，认同他在新形式和历史隐喻融合方面所做的努力，因为他们很想对外树立一种既尊重传统又着力创新的形象。20世纪50年代，小沙里宁的建筑被媒体广泛宣传。《时尚芭莎》《纽约时代》《花花公子》和《VOGUE》等时尚杂志都视小沙里宁为那个时代最重要的建筑师，极力赞美他的成就和艺术天分。

小沙里宁的家具述说着一种有机雕塑式的设计语言，是20世纪60年代新生代家具设计的主流。他认为家具应与使用者和室内环境同步，提倡为大众服务。小沙里宁的家具是倾向于现代主义的，注重艺术与技术的结合，带着对技术的探索欲以艺术家的姿态去创作。在新材料和新技术的实验中，小沙里宁总期望以某种材料充分地表达他的整体美学。

小沙里宁的第一件家具是在匡溪学院完成的，为沙里宁家的卧室设计家具（图10-9）。1929年，小沙里宁承接了金斯伍德学校的委托项目，设计了学校的大部分家具，包括宿舍、走廊和女校长住所等处的家具。两年内，他画了近35张家具草图，这些家具表现出了一种流行于欧洲的趋势和潮流。其中的钢管悬臂椅与米歇尔·布劳耶和密斯的钢管椅作品非常相似。学校的餐椅有一种克利莫里斯椅的风格，椅子的靠背板水平方向有五个方形镂空，是为了与天花板和窗户的图案相呼应。

图10-9　沙里宁住宅主卧室内

他还设计了桌子和原木色带粉色装饰的餐台。

1935年，他回到了芬兰，在那里目睹了阿尔瓦·阿尔托与奥托·科霍宁（Otto Korhonen）的合作，后者有个木材加工厂。他们一起研发出胶合板成型工业应用技术，并应用在阿尔托设计的椅子上。小沙里宁随即在赫尔辛基工作和生活了一段时间，受阿尔托的设计影响很大。当小沙里宁回到美国后，他就在匡溪设计了胶合板成型的可叠摞椅子，其灵感来源于阿尔托为帕米奥疗养院大厅设计的家具。

在为父亲工作期间，小沙里宁和伊姆斯合作设计的椅子在1940年举办的"住宅家居中的有机设计"比赛中赢得第一名，后由诺尔家具公司生产。与伊姆斯的合作形成了小沙里宁的第一阶段设计风格，二人的合作项目五花八门。1946年后，伊姆斯去了米勒公司工作，小沙里宁则成为诺尔的设计师。他为诺尔设计的很多椅子都成为20世纪设计史上的经典作品。

战争年间，小沙里宁继续实验坐具形式的可能性，设计和制作具有雕塑形式的复合成型的椅子。但物资缺乏、技术发展的缓慢等状况影响了他的创新工作。他在诺尔生产的第一把"蚱蜢"椅，只采用了胶合板和重复利用的降落伞带子（图10-10、图10-11）。椅子的基本框架由两个扶手和椅腿一体成型的部件构成，并与坐面框架装配起来。由于采用了合理的隐藏连接方式，这种结构比通常的箱式结构更加稳固。"蚱蜢"椅以休闲的亮点在1946年与大众见面，由于是暂时性解决方案，它在十多年后就退出了生产线。

图10-10 "蚱蜢"椅1

小沙里宁在匡溪学院时结识了一位叫弗洛伦斯·舒斯特（Florence Schust）的学生，毕业后成为建筑师和室内设计师。她为诺尔做了很多室内设计的项目，后来加入诺尔公司。1946年，舒斯特与诺尔结婚，婚后的她极力为诺尔公司推荐匡溪学院设计师的优秀作品。小沙里宁与舒斯特的合作成就了很多惊世之作。小沙里宁对增强塑料的创新应用促使美国家具工业形成了以技术开发为主的新气象。

小沙里宁70系列的"子宫"椅让诺尔公司在室内设计方面成为最有影响力的家具制造公司。70系列（图10-12、图10-13）的其他椅子陆续于1950年推出，频繁应用于诺尔公司的室内设计中，被伊姆斯称为小沙里宁最具功能性的作品，在各方面都实现了平衡。这些椅子还被用在小沙里宁设计的通用汽车技术中心，以及弗洛伦斯为哥伦比亚广播电视公司大楼所设计的室内。

图10-11 "蚱蜢"椅2

图10-12 70系列椅1

应弗洛伦斯的要求，小沙里宁设计了一把"能够让她蜷缩在里面的椅子"（图10-14、图10-15），这就是1946年诞生的带脚凳的"子宫"椅。小沙里宁认为人们更喜欢坐得随心所欲一些，设计师应尝试以一种合理的方式来满足这种欲望。椅子的坐面、靠背都要给予人体依靠，肩膀和头部也要有支撑。小沙里宁以有机的形式实现了椅子的三片式支撑。

图10-13 70系列椅2

图10-14 "子宫"椅1

图10-15 "子宫"椅2

"子宫"椅是小沙里宁当时备选方案中体形最大的一个。它看起来就很舒适，像一只大茶杯或者贝壳，你可以蜷缩在里面，或者把腿一起缩进来。"子宫"这个名字让你不自觉地联想到母体内的舒适和安全感。椅子的外壳是用二维的方式解决了一个三维的难题。

"子宫"椅的原型是胶合板成型的，大尺寸的外壳是由两个胶合板成型部件组合起来的，加工麻烦，重量也大。这个时候，小沙里宁发现了新材料。增强聚酯树脂是战争期间被用于战舰外壳的新型材料。它的质地坚固且轻，又可以单件大批量生产。于是，他带上"子宫"椅的模型前往新泽西的特伦顿拜访船只制造商维纳公司。与维纳合作期间，小沙里宁利用树脂粘合成纤维制作"子宫"椅外壳，质坚且轻，适用于低成本的批量生产。塑料的弹性也让椅子更加舒适。"子宫"椅的外壳由弯曲钢管框架支撑。靠背、扶手和坐面一体成型，扶手呈悬挑状。椅子附加了独立的坐垫和靠垫。"子宫"椅还带有一个四条腿的脚凳（图10-16）。维纳公司还研制出一套72号靠背椅的外壳高压成型生产方法。1948年，72号椅和"子宫"椅被诺尔公司同时推出。

1955年，小沙里宁开始为诺尔公司设计柱脚椅系列，他谈道："我们有四条腿的椅子，也有三条腿和两条腿的，那我们干脆就做个一条

图10-16 "子宫"椅带脚凳

图10-17 柱脚椅系列

腿的椅子"（图10-17、图10-18）。柱脚椅让小沙里宁一跃成为美国建筑师的引领者，上了1956年7月的《时代》杂志。1958年，柱脚家具全系列向大众展出三天。该系列包括一件扶手椅、一件靠背椅、两件圆凳和一系列桌子。柱脚家具使小沙里宁实现了将家具主体与腿足在视觉上融为一体的理念。椅子和桌子的底座由金属铸造而成，椅子外壳和桌面是玻璃钢成型。家具上下两部分采用同种颜色，其轮廓曲线流畅，浑然一体。小沙里宁对家具基座的研究很感兴趣，喜欢观察椅子和桌子的底部，他称之为

图10-18 杂志封面上的柱脚椅

"椅（桌）腿的贫民区"，认为这里是"丑陋，困惑和永无休止的世界"。柱脚家具系列的扶手椅和靠背椅都包覆了软垫，或者配备了单独的坐垫。餐桌、咖啡桌等桌面采用多种材质，有胶合板、塑料或大理石。

1961年9月1日，小沙里宁不幸死于一场脑科手术，享年51岁。彼时，他正在监督一栋音乐大楼的建造进程，这是为密歇根大学音乐、戏剧与舞蹈学院设计的项目。

第十一章
汉斯·维格纳

丹麦设计学派的大师们为20世纪的家具传统打下了重要的根基，而维格纳是其中最典型的一位。丹麦设计学派的艺术创意源自两个方面，其一是现代艺术，其二是家具传统。极力推崇现代艺术的最有影响力的人物是阿诺·雅各布森，系统地引介家具设计传统的领军大师则是凯尔·柯林特，而维格纳正好先后受教于上述两位丹麦设计大师。木匠出身的维格纳对柯林特以传统家具为师的理念有一种天然的情愫，并由此引导他潜心关注世界各民族的优秀家具传统，最终集中研究他认为代表人类最高木构水准的中国家具、英国家具以及北欧民间家具，并创作出划时代的新型中国椅、新型温莎椅和各种新型座椅。然而，仅有传统工艺的探索并不能保证设计创意的决定性突破，唯有艺术观念的冲击和心灵碰撞才能带来设计构思的革命，维格纳从雅各布森那里继承了对现代艺术的敏感，并定期去美术馆观赏和体验毕加索、莱热、克利、康定斯基、卡尔德等艺术巨匠的创意展示，再将其转化为自己的设计造型语言，从而使自身精湛的木工手艺插上了翅膀，自由翱翔于现代家具的天国之中。

图11-1 汉斯·维格纳

图11-2 维格纳（后排左二）与同事在斯
滕伯格工作坊

图11-3 维格纳15岁时设计和制作的椅子

汉斯·维格纳（Hans J.Wegner）（图11-1）1914年生于日德兰半岛南部的汤德，位于丹麦与德国交界处。维格纳是世界著名的家具设计师，以家具设计为专项，自身具备很深的木作手艺基础，也是丹麦皇家建筑协会的一员。丹麦家具设计师大部分都亲手制作家具，精通材料、结构、技术、工具和加工工艺。即使不能自己制作，他们也会与优秀的家具工匠们合作。例如芬·居尔与尼尔斯·沃德的合作。维格纳对20世纪中期丹麦在国际设计上的地位建立贡献卓著。他的风格是一种有机功能主义，他一生设计了超过500把不同的椅子，其中100多把用于批量生产并成为设计经典。

维格纳的父亲是市议会议员和制鞋工匠。维格纳14岁起就拜细木作家具匠师斯滕伯格（H.F.Stahlberg）为师，全身心投入家具制作的学习中，于17岁获得家具匠师资格（图11-2）。1929年，时年15岁的维格纳设计和制作了第一把椅子，两侧面是集扶手和椅腿于一体的矩形框架（图11-3）。他逐渐发现自己对木头感兴趣，为材料着迷。之后，维格纳继续留在斯滕伯格的工作室为其工作了三年，二十岁时去服兵役。在哥本哈根，他熟知了始于1927年的"木工协会家具展"。这些年度展览给了维格纳震撼的体验，使他目睹了工艺与设计结合后的成果。于是，他决定成为一名生产和售卖自己家具的设计师。

1935年，维格纳参加了哥本哈根技术学院为期两个半月的木工课程，随后申请进入工艺美术学校。1936~1938年间，维格纳进入工艺美术学校进行系统的木工专业学习，师从莫嘉德·尼尔森（Molgaard Nielsen）。为了接触到更多的实践性工作，维格纳曾与建筑师艾瑞克·穆勒（Erik Moller）、弗莱明·莱森（Flemming Lassen）共事，为他们的建筑设计家具。1940年，维格纳进入阿诺·雅各布森（Arne Jacobsen）事务所，很快被指派负责丹麦奥胡斯市政府大楼内的家具设计（图11-4）。这一时期，他认识了时任哥本哈根木工协会主席的约翰内斯·汉森（Johannes Hansen）。汉森欣赏维格纳的才华，二人于1941年展开了正式合作，陆续诞生了"孔雀"椅、"The Chair""侍从"椅等经典作品。汉森公司的尼尔斯·汤姆森给予了维格纳很多技术上的支持。维格纳于1943年创建了自己的事务所。1946~1951年间，维格纳在工艺美术学校担任教职。

维格纳和布吉·穆根森（Borge Mogensen）在工艺美术学校结识。穆根森于20岁时取得细木作家具匠师证，毕业后继续到丹麦皇家艺术学院研修，师从凯尔·柯林特（kaareklint）。1942~1950年间，穆根森进入丹麦消费者合作社联合会（FDB）工作。在约翰内斯·汉森的撮合下，维格纳与穆根森于1941年起展开合作，直到1946年终止。二人为FDB设计了一些至今仍在生产的家具。FDB致力于为大众提供质美价廉的家具，例如维格纳的摇椅和彼得桌椅（图11-5）、柯林特的游猎椅、穆根森的夏克椅等。FDB的影响力很大，其会员还包括保罗·沃尔德（PoulM.Volther）、艾维德·A·约翰内斯（Ejvind A. Johansson）、穆根斯·库奇（Mogens Koch）等，瑞典、挪威和芬兰的设计师也都参与进来。

无论是直接吸取的，还是间接从穆根森那里获得的，总之，维格纳深受柯林特设计思想的影响，设计手法也得到柯林特的启发，总是试图对传统进行革新。凯尔·柯林特是丹

图11-4 奥胡斯市政府大楼室内

麦现代设计的鼻祖，他1924年组建了哥本哈根皇家艺术学院的家具设计系，并担任教授和系主任职务。柯林特十分注重从传统中摄取营养，鼓励设计师们将眼光放至世界范围，不限地域地从传统中学习。他个人的设计深受中国传统家具和英国乡村家具的影响。柯林特是位出色的教育家，陆续培养出穆根斯·库奇、布吉·穆根森、汉斯·维格纳等业界精英。凯尔·柯林特认为传统不一定是陈旧的，可能远比现今更为时尚。在这一点上，维格纳以"中国"椅完美验证了柯林特的观点。英国的温莎椅和夏克教派的夏克椅等也是维格纳创作的源泉。维格纳本人也是工艺品收藏的爱好者，他的住宅内除椅子原型外，还摆放了数量众多的工艺品，例如日本漆器、提灯和人偶等。

在为雅各布森工作期间，维格纳成长迅速。与吉玛特·里特维尔德受风格派直接影响的状况不同，维格纳与艺术的会面都是经别人间接促成的，例如雅各布森（参见第八章）。维格纳追求椅子的舒适度和制作工艺上的细节，他认为完美的家具是没有背面的，任何视觉方向都是正面。维格纳寻求一种家具上

图11-5 彼得桌椅

表里如一的整体美学，每件家具都是没有背面的艺术品。维格纳设计思想的根源仍是丹麦传统，他将艺术灵感与丹麦的传统工艺结合起来，作品偏爱材料的自然色泽和天然纹理。维格纳的第一件量产家具是中国椅，由丹麦汉森公司在1944年生产。他早期的作品是一把带有倾斜扶手的椅子，是为装饰艺术博物馆展览设计的，体现了他要剥去传统椅子的外部风格，并让它以纯粹结构示人的设计理念。维格纳将传统元素的优势发挥到极致，其很多椅子都采用传统技术，例如榫卯（指接）和雕刻工艺等。他在材料使用上并不囿于传统木质材料，而是混用硬木、胶合板、金属、织物和帆布等多种材料。

图11-6　维格纳的家具设计图

维格纳开创了一种新的家具绘图模式，把设计图用平立剖面绘制在一张纸上，为实物的五分之一（图11-6）。他也会制作五分之一的椅子实物模型，用以确认椅子的强度和功能（图11-7）。维格纳的椅子诞生过程就是艺术、工艺与设计的结合过程。他擅长化繁为简地追求椅子的本质，去除多余的因素，只留下椅腿、椅座、靠背和扶手。维格纳认为椅子是为使用者服务的，当有人坐在椅子上，这个椅子才算真正完成。

图11-7　维格纳和椅子模型

图11-8　1943年的中国椅1号

图11-9　1944年的中国椅4号

图11-10　1989年的中式椅

图11-11　The Chair

1944年，第二次世界大战之后的丹麦面临物资匮乏的艰难状况，雅各布森接到了一个政府项目——廉价住宅的建造。当然，住宅内部的家具也要精打细算，这给维格纳出了个难题。他首先想到的是木质椅，然后带着思考去丹麦设计博物馆寻找灵感。在那里，他被一组塑像吸引，内容是坐在传统明代椅子上的丹麦商人。这是曾经于中国经商的丹麦人带回来的，那时广州街头有塑像的生意，手艺人会为每个塑像都配一把椅子。维格纳依据这些中国圈椅创作出了中国椅。往后的职业生涯，维格纳至少设计了9款中国椅，1号（图11-8）和4号（图11-9）至今仍然在生产，并不断衍伸出其他创作，以至于其一生的近500种作品有三分之一都与中国椅主题相关（图11-10）。1号中国椅的椅腿间没有横枨，简洁优雅，注重整体感，椅圈是由三部分通过指接榫接合起来的。之后的中国椅变体在形式上主要体现在：腿间是否有横枨和扶手是否出头等。在工艺上，维格纳也尝试了曲木技术，降低耗材的同时使椅圈结构更坚固。维格纳还曾采用竹集成材来促进中国椅的量产。与1号相比，1945年设计的4号中国椅更为简洁，设计师融入了很多丹麦家具的元素，例如可拆卸的坐面，以及之后在维格纳椅子上常见的弯曲或平直的靠背轮廓。

The Chair（图11-11）是哥本哈根丹帕玛内提家居店在1950年命名的，一开始称为"圆椅"，是维格纳于1949年与家具制造商约翰内斯·汉森合作设计的。该作品简洁到只有四根椅腿、一个坐面、形成椅圈的搭脑和扶手。维格纳对这一设计表示满意，认为它是"第一次表现出个人特长的作品，没有廉价感，没有多余之处"。The Chair的结构由11个部件、12个榫卯节点和2个指接结构实现，其坐面有硬质和帆布编织等方式供选择。The Chair的椅圈由三部分构成，维格纳刻意露出指接榫接合的结构部位，这一做法之后被很多设计师效仿，影响十分广泛。在维格纳后来设计的邮轮椅中，其搭脑部位的接合榫采用深色的紫檀木，这些结构完全裸露，在深浅色木质的对比中形成了优美的图案。1950年，The Chair登上美国的《Interiors》杂志。1961年，尼克松和肯尼迪在CBS电视台辩论中就坐着The Chair，这两把椅子后来被史密森尼博物馆收藏。

图11-12　Y形椅

1949年的Y形椅（图11-12、图11-13）是维格纳和家具制造商卡尔·汉森合作的产品，自1950年起就开始生产了。Y形椅的大多数部件都采用机械加工，仅组装和坐面的编织需要手工。Y形椅是维格纳在中国圈椅启发下创作的系列设计中的最后一把，也是最著名的一把，迄今在全世界范围内的销量达到五十万张。Y形椅后腿被自然地弯曲，后腿上端与椅圈相连。这样的连接结构曾经是个难题，一经解决后，Y形椅最终成为一把既轻快又结实的椅子。

图11-13　Y形椅背面

维格纳扶手椅系列的创作初衷也是他一直秉持的设计原则，为大众提供价格更低廉，但在美学和功能上不打折扣的椅子。这些椅子需要适应工业化批量生产，在结构和形式处理上尽可能减少材料的浪费。1979年，维格纳的曲木椅（图11-14）在长期酝酿后终于诞生了，其研发周期长达三十二年。曲木椅的椅背、扶手和椅腿是榉木层压板弯曲一体成型的，坐面和靠背采用皮革。维格纳1960年设计的吊床椅也是曲木框架，椅面绷以网状绳索。

图11-14　1947年发表，1979年面世的曲木椅

在夏克教派夏克椅的启发下，维格纳于1942~1984年间共设计了9款系列摇椅（图11-15）。英国的温莎椅也是维格纳关注的传统椅子题材之一，他在1947年设计的孔雀椅（图11-16）是对温莎椅再设计的代表。维格纳夸大了原有椅背的轮廓

图11-15　夏克摇椅

图11-16 孔雀椅

图11-17 折叠椅

图11-18 折叠椅挂起状态

图11-19 贝壳椅

曲线，形成了一种高靠背，整个椅子比例显得更为轻快。孔雀椅的主体采用榉木，扶手用柚木，充满散射状柱轴的椅背如同孔雀开屏。但事实上，孔雀椅的诞生不是维格纳的仿生设计，是他执著于功能主义的结果。宽大的椅背是为了贴合使用者肩胛骨的位置而设计的。

维格纳在1946年与穆根森合作设计了折叠椅这一类型，于同年在木工协会展出。维格纳在1949~1956年间推出数款折叠椅，于1962~1968年间又设计了十多款折叠椅。这些折叠椅基本采用X形框架的前后折叠方式。维格纳于1949年设计的折叠椅（图11-17、图11-18），其藤编坐面减轻了椅子的重量，椅子还可以通过挂钩被挂在墙上，以节省空间。彼时，丹麦的家具生产方式由手工转向机器批量加工。1948年，维格纳利用胶合板压制工艺设计了贝壳椅（图11-19），成为查尔斯·伊姆斯作品的创作源泉。维格纳很乐于尝试不同材料，他在1950年设计了完全跳出传统形制和材料的Flag halyard椅（图11-20）。这把椅子的灵感来自通往海滩的旅程，采用金属、绳子和羊皮。绷在椅面上的绳索柔和了冰冷的金属框架，四只纤细的金属椅腿底端有宽大的圆形椅脚。Flag halyard 椅像一只半敞的篮子，曾被用在影片《相逢何必曾相识》中。1950年，高背扶手椅形式的熊椅（图11-21）诞生了。宽阔的椅背两侧长出两只厚重的扶手，就像一只伸出敦厚手臂的憨熊。熊椅牢固的结构可以令使用者随意变换坐姿。

北欧传统民居地面是铺设石头的，摆放三足凳会更平稳，维格纳1952年设计的心型椅就是三足的，大概创作于雅各布森三足蚁椅发布后的第三年。他总共设计了十五款三足椅，椅腿呈前一后二状的有七款，前二后一状的有八款。进入生产的维格纳三足椅是侍从椅和贝壳椅。据说侍从椅（图11-22）是单身男士们的福音，它的椅背设计形似衣架，可以用来挂外套，坐面可以翻起来搭长裤。坐面下部为储物空间，可以放一些服饰配件和随身携带的小物件。维格纳的脚凳可配合椅子使用，或单独使用。他1953年设计的脚凳（图11-23）两侧有便于抓握的开口，其四足外斜，无横枨，凳面呈下凹曲面状。

牛角椅系列（图11-24）是维格纳1957~1960年设计的作品，包含了十多款，主要在搭脑和横枨部位做变化。1965年，维格纳在牛角椅的基础上设计了钢质扶手椅。该椅有着钢质椅腿与靠背框架、木质坐面和类似牛角椅的圆形扶手。其搭脑部位以紫檀木薄片镶嵌进枫木构件，然后再用紫檀木十字榫接合，形成了结构性的装饰图案（图11-25）。

1960年，受到毕加索作品的影响，维格纳创作了这件充满雕塑感和力量感的椅子——公牛椅（图11-26）。该椅于

图11-20 flag halyard 椅

图11-21 熊椅

图11-22 侍从椅

图11-23 脚凳

图11-24 牛角椅

图11-25 小钢椅

图11-26 公牛椅带脚凳

图11-27　办公椅

1962年停产，1985年重新投产并采用了新技术。公牛椅宽大的扶手允许使用者将腿搭在上面。公牛椅已赢得过很多殊荣，并多次在世界巡回展览。公牛椅彰显了一种男性的阳刚之气，自1960年面世以来，它就成了最受欢迎的家具之一。

工作热情异常充沛的维格纳也没有放过办公领域，早在1940年，维格纳就曾为奥胡斯市府大楼设计了办公椅。他在职业生涯中一共设计了十一款办公椅。维格纳的办公椅（图11-27）常采用木材与金属，椅背是他标志性圆形扶手的变体，加宽搭脑部位以形成舒适的宽大椅背。

图11-28　维格纳住宅兼工作室室内1

维格纳亲自设计了位于根措夫特市的住宅兼工作室（图11-28~图11-30），并于1962年建造完成，整体上朴素而雅致，空间设置以主人的功能需求为主。住宅建在朝南的缓坡上，在地形的限制下，其北面是一层，南面是两层。住宅的内外墙用红砖砌成，屋顶铺设瓦片，门框采用柚木。客厅陈设着名椅作品和来自各地的工艺品。房子南侧是带池塘的花园，种植着柳树和苹果树。

图11-29　维格纳住宅兼工作室室内2

1993年，汤德水塔重新设计为维格纳博物馆，收藏了36张维格纳作品。维格纳90岁时，仍有130件作品被生产。至2007年去世，维格纳一生都保持着设计的活力，直到人生的最后十年才退出公众视线。维格纳的职业生涯中获奖无数。1946年，他与穆根森合作的椅子获实用与现代旅馆家具设计比赛首奖，又于1950年获得米兰三年赛全场总冠军，于1951年被授予龙宁奖。在美国"优秀设

图11-30　维格纳住宅兼工作室室内3

计"展上，The Chair 被评为"最佳设计"作品，公牛椅在1960年获得美国装饰家具设计学院颁发的国际设计大奖。1958年，维格纳在伦敦被任命为皇家工业设计师，同年在美国纽约被普瑞特艺术学院颁发最高荣誉证书。1964年，维格纳荣获哥本哈根木工年度大奖，于1995年获日本大阪第八届国际设计奖。

第十二章
伊玛里·塔佩瓦拉

芬兰的现代设计传统始终以艺术创意和科学思维为主导,这种伟大的传统由老沙里宁开创,至阿尔托时代达到全盛,而阿尔托则成为独领风骚的北欧人文功能主义设计学派的执牛耳者。一般来讲,全盛之后都会面临衰落的命运,然而,塔佩瓦拉的崛起却让艺术继续引领着芬兰现代设计前进,并由其学生库卡波罗和阿尼奥继承他艺术创意的衣钵,令芬兰现代设计长时期屹立于世界之巅。塔佩瓦拉是一位多才多艺的艺术家和设计大师,早年作为设计助理为阿尔托工作,耳濡目染了后者在建筑、设计、工业、艺术之间游刃有余的壮举,而后又在柯布西耶工作室学习现代艺术与现代设计的交融关系。在受邀担任密斯所在的伊利诺伊理工学院建筑系室内设计教授后,塔佩瓦拉得以深度研究和体会包豪斯系统中艺术对设计的主导作用。塔佩瓦拉的全才使他在建筑、室内、家具、灯具、平面设计、工业设计、展览设计等诸领域都取得开拓性成就。此外,塔佩瓦拉长期担任芬兰《艺术》杂志主编。在任期间,他不仅积极介绍当代艺术家的创意活动,更大力推介世界各地的民间工艺成果,从而使芬兰设计始终保持极高的艺术水准。

伊玛里·塔佩瓦拉（Ilmari Tapiovaara）（图12-1），1914年生于芬兰海门林纳，家庭里的兄弟姐妹们都具有极高的艺术天赋，母亲也利用各种机会培养和激发孩子们的艺术才能。多才多艺的塔佩瓦拉是第二次世界大战后新工业设计时期的先驱，在建筑设计、室内设计、家具设计、展览设计、平面设计、工业设计和设计教育方面均有建树。尤其在芬兰的家具设计领域，塔佩瓦拉堪与阿尔瓦·阿尔托齐名。倘若论起在家具的实际生产和设计教育方面，塔佩瓦拉的贡献就更多了。塔佩瓦拉曾担任芬兰三大设计刊物之一——《艺术》的主编，是芬兰设计师协会的创办人之一，兼任国外很多学术机构的成员，也担纲着芬兰政府机构的学术和贸易顾问。

图12-1　伊玛里·塔佩瓦拉

在芬兰的家具设计史上，第一代和第二代分别以老沙里宁和阿尔托为翘楚，第三代则以塔佩瓦拉为代表。前两代设计大师以"宣言"的设计方式变革和引领了世界。塔佩瓦拉的设计态度更为务实，其家具设计和制作的出发点都是使用质量，而非自我表现。他本人既是家具设计师，也是家具生产和经营者，能够很好地将设计与企业经营结合，并全方位地推动和经营大型家具企业。塔佩瓦拉曾与第一、二代大师们密切合作，是致力于将设计渗透到民众生活的设计大师。总之，在几代设计大师的共同努力下，芬兰的设计才得以迅速发展。

20世纪30年代初，塔佩瓦拉进入赫尔辛基艺术设计大学学习，于1937年毕业。第二次世界大战以后，现代设计更加关注实际生活，一批优秀的建筑师投入室内和家具设计领域，室内建筑师职业兴起。塔佩瓦拉是第一批室内建筑师的领袖人物之一。他在学校里接触到了功能主义、阿尔托的设计和现代运动。学校的艺术监理曾告诫他远离工业这个魔鬼，称保持个性才能专注于艺术。但从塔佩瓦拉后来的职业生涯来看，他恰恰是离工业最近的设计师，他的理想是做人人都能买得起的现代家具。学习期间，塔佩瓦拉利用获奖机会游历欧洲的各大文化中心，与现代设计大师和设计思潮亲密接触。塔佩瓦拉毕业后去参观了巴黎世界博览会，给他留下了深刻的印象。趁在法国期间，他于柯布西耶的事务所谋得一份职位，并在那里接受了六个月的培训。柯布对艺术和设计的独到见解扩宽了他的视野和思路。回到芬兰后，塔佩瓦拉进入芬兰最大的家具工厂——阿斯科公司，担任设计师和艺术总监的职务，持续工作了好几年。在此期间，他的另一份收获是结识了女建筑师安妮卡·赫瓦瑞能（Annikki Hyvariner），后者成为他日后的人生伴侣与事业伙伴。芬兰介入第二次世界大战后，塔佩瓦拉作为战地军事工程师走上前线，除组织和指导士兵建造各种营地建筑外，他还设计了很多战地家具。战地设计任务很具挑战性，这些家具只能采用当地木材和简单的工具进行生产，也没有钉子或螺钉来组装。1941年，塔佩瓦拉又被Keravan Puuteollisuus家具公司聘为艺术和商业总监。

塔佩瓦拉夫妇在1951年创建了自己的事务所。接下来的几年里，应密斯之邀，塔佩瓦拉前往美国伊利诺伊理工学院承担教职，期间与密斯共事。密斯对待艺术与设计的观点也影响到他，尤其是对设计细节的执著。塔佩瓦拉是阿尔托迷，二人一起参与过很多项目，他曾在伦敦主持阿尔托家具的出口展销会。第二次世界大战之后，在以上几位设计大师的启发下，塔佩瓦拉逐渐形成了自己独特的设计哲学和风格，并应用于后来的教学中。民间传统艺术也是塔佩瓦拉思想的源泉，他经常在教学和设计中对芬兰民居、室内和陈设等进行研究，并将范围延伸到世界其他地区的民族和家具，提倡从不同地域的多元文化中汲取灵感。塔佩瓦拉的足迹遍布多个国家，他会因联合国的发展项目在巴拉圭和毛里求斯工作，也会在南斯拉夫参加家具与细木工业中心的发展项目。

塔佩瓦拉无疑是一位出色的教育家，无论在芬兰还是美国，他的很多学生都成长为后来的业界精英。芬兰设计大师昂蒂·诺米斯奈米（Antti Nurmesniemi）、艾洛·阿尼奥（参见第十四章）和约里奥·库卡波罗（参见第十五章）都师从于他。塔佩瓦拉认为设计师要有充沛的哲学知识，没有思想的设计不可想象。他将列奥纳多·达·芬奇（Leonardo da Vinci）称为最著名或者可能是最出色的产品设计师。在赫尔辛基理工大学应用艺术学院担任室内设计系教师时，塔佩瓦拉竭力去探索和改革设计教学。他借鉴那些源自美国或其他国家的优秀案例来推动芬兰的设计教学。自20世纪50年代初开始，塔佩瓦拉的教学生涯持续了半个世纪，以至于教学成为他思想的一部分。塔佩瓦拉的教学方法以欣赏、启发与参与三大部分为主，引导学生认识到设计的真实内容：优良的基本技能、充分的设计体验和对材料及构造的认识。其教学方法被证明是极有成效的，是一种基于北欧人文理念和包豪斯教学基础的教学创新，被后来者继承和传播下去。曾是塔佩瓦拉学生的库卡波罗提到，从教学的角度来讲，塔佩瓦拉是首屈一指的。除教学和设计之外，塔佩瓦拉还留下了很多学术研究的成果，撰写了大量论文。

塔佩瓦拉是芬兰最多产的家具设计师之一，具有探索和

图12-2　塔佩瓦拉1914～1999年的家具作品

工匠精神，一生中设计了很多受大众欢迎的产品（图12-2）。Artek是塔佩瓦拉家具的主要生产商之一。塔佩瓦拉身上有着典型的芬兰设计师品质，极其注重人造物与周围环境的关系。在阿尔托的影响下，塔佩瓦拉对材料格外关注，他尊崇阿尔托对设计责任的说法，希望通过设计物来创造一种富有精神的人类环境。塔佩瓦拉在职业生涯中拿奖拿到手软。自1951年起，他几乎连续六次获得了米兰三年展的金奖，又于1951年在芝加哥获得好设计奖，以及1959年获得Pro Finlandia medal。1971年，塔佩瓦拉当之无愧地斩获芬兰国家设计奖，并在1990年获颁芬兰SIO室内建筑师协会的家具奖。

对塔佩瓦拉来说，"椅子不只是个坐具，它是整个室内的关键"。他在商业上获得的成功不仅出于作品的优秀，也在于他本人亲自参与和指导家具设计、生产、销售和出口的全过程。塔佩瓦拉坚信设计是为大众服务的，家具必须具备功能、经济、耐用的特性。20世纪中期，芬兰比其他北欧邻国都贫穷，但它拥有得天独厚的桦木资源，可以让木质家具以较低的价格出口，吸纳国外客户。不仅如此，塔佩瓦拉这一代的芬兰设计师还面临着现代工业设计的新挑战，包括家具是否以单元部件进行组装，是否便于包装、运输和出口，是否符合人体工学，是否坚固耐用，以及是否体现了新材料和新技术。

在芬兰家具出口方面，塔佩瓦拉立下了汗马功劳。1947年，塔佩瓦拉在赫尔辛基斯伦伯格艺术馆组织了名为"家具及包装技术"的展览。其内容主要是塔佩瓦拉事务所近年的家具产品及相关技术，以三个部分展出：室内设计、包装问题、产品选择。这个展览随后在欧洲大陆进行巡展。1947~1948年，纽约现代艺术博物馆主办了"低造价家具设计国际竞赛"，塔佩瓦拉为此提交了若干方案，分别是实木椅、可作桌子用的多功能柜、多功能椅和三足凳。在多功能椅上，他尝试利用现代工业生产方式解决扶手中连续轮廓的问题，也实验了不同材料的综合应用。

如同伊姆斯在美国的地位一样，塔佩瓦拉也是北欧学派善于将艺术与科技进行结合的设计师代表。他不断地尝试新材料和新技术，例如对玻璃钢家具的研发、对胶合板的三维形体创作等。塔佩瓦拉是芬兰钢木家具的引领者，其学生库卡波罗在这一方向上取得巨大成就，至今仍是芬兰家具的特色和卖点。塔佩瓦拉的早期钢木家具几乎为后来者提供了发展原型，例如1956年的娜娜椅，该椅在1958年由诺尔公司销售。在芬兰塑料家具方面，塔佩瓦拉也堪称开拓者，这一方向由库卡波罗和阿尼奥继承并发扬。塔佩瓦拉于1956年开始设计以塑料为主的家具，例如多功能塑料椅。

图12-3　多姆斯椅系列1

图12-4　多姆斯椅系列2

图12-5　Lukki椅

塔佩瓦拉常利用多样性来探索形式的可能性。他的每一个主要作品几乎都有好几个版本，表现为对同一作品形式的重新设计。例如1946年的多姆斯椅和1954年的Trienna咖啡桌。儿时与自然的接触给了塔佩瓦拉很大影响和很多灵感，他认为"自然是工业设计师最好和最亲密的导师"，木材当然是住在塔佩瓦拉的回忆和心里的材料。如果说阿尔托的设计体现了如何利用木材来实现功能主义和适应工业生产，那么塔佩瓦拉的木质家具则倾向于表达功能主义的社会平等原则。塔佩瓦拉总是在寻求如何利用设计物建造一个人性化的、温暖的居住环境。

塔佩瓦拉认为家具部件都是家具整体的一部分，建筑则是它们形成的原点。他的家具都是与室内设计相匹配的陈设。多姆斯椅（图12-3、图12-4）是塔佩瓦拉的设计美学的集大成，诞生于塔佩瓦拉夫妇在多姆斯学院工作期间（1946~1947年）。该椅采用了胶合板和实木，是为多姆斯学院校舍设计的。除了在室内使用外，由于轻便和可叠摞的特性，它还能轻易满足公共场合的大批量使用。多姆斯椅堪称芬兰现代家具的标志性产品之一，在国内外都很受欢迎。美国诺尔公司在1951年以"芬兰椅"将多姆斯椅重命名进行销售，英国则以"斯达克斯椅"之名销售。1950~1952年，塔佩瓦拉又为多姆斯学院的新校舍设计了多姆斯二期椅。

Lukki家庭坐具系列包括扶手椅和凳（图12-5、图12-6）。20世纪50年代，赫尔辛基理工大学举办家具竞赛，旨在为学生设计舒适而实用的椅子，塔佩瓦拉用"Lukki"椅做了回应。椅子的靠背和坐面采用桦木胶合板压制，钢质椅腿纤细而灵动。短扶手的下端与后腿相连，既保证了手臂搁置的舒适性，又为腿部活动提供了便利。椅子的胶合板坐面压制了贴合臀

图12-6　Lukki凳

部的凹面，曲面靠背完美包裹背部。"lukki"在芬兰语中的意思是"爸爸的长腿"，坐在这把椅子上，你应该可以重温儿时坐在爸爸腿上的回忆吧。就像塔佩瓦拉一直在说的，设计不是难以接近的，它是贴近生活的。

1954年，塔佩瓦拉设计了一张雕塑般的轻质咖啡桌——Trienna（图12-7）。它由三片桦木胶合板压制而成，表面呈现出美观的几何图案。Trienna咖啡桌最初只有少量的原型版，直到2007年才有系列产品投产。2008年，Trienna咖啡桌被《每日壁纸》杂志评为"最好的再投产桌子"。

塔佩瓦拉于1955年设计了Pirkka系列（图12-8~图12-11）的椅和凳，是芬兰有机现代主义的体现。同年由芬兰的LaukaanPuu负责生产。Pirkka椅凳的坐面从中线处分离，类似咖啡豆的一面，坐起来透气又舒适。椅凳常采用硬质桦木和松木，底部是黑色的枝状椅腿，又仿佛植物发达的根系，带着呼吸和生命力。

塔佩瓦拉十分重视传统，并对世界各地的民族艺术感兴趣。他设计过以非洲民间折叠椅为灵感的刚果椅系列，从芬兰民间家具中走出来的毕乐卡椅凳系

图12-7　Trienna咖啡桌

图12-8　Pirkka凳

图12-9　Pirkka椅　　　　图12-10　Pirkka吧凳

图12-11　Pirkka桌

图12-12 Crinolette椅

图12-13 Mademoiselle椅

图12-14 Mademoiselle摇椅

图12-15 Kiki椅

列，源自中国圈椅的多功能椅，以及以温莎椅为原型的系列椅子（图12-12）。Mademoiselle 系列椅子（图12-13、图12-14）就是塔佩瓦拉在1956年对温莎椅的再设计。该系列有摇椅和四足椅。Mademoiselle椅有包裹状的高靠背，采用桦木贴面，漆为黑色和白色的椅子是常见款。Mademoiselle椅是现代家具设计史上的经典作品，也是20世纪50年代芬兰乃至世界上最具标志性的家具之一。与塔佩瓦拉其他很多家具一样，Mademoiselle椅的生命周期超越了时代，它在当代室内设计中仍然受欢迎。

1959年，Wilhelmiina椅诞生了，这件椅子寄托着塔佩瓦拉对阿尔托的回忆。其椅腿是桦木合成材弯曲成型，而悬浮的坐面和靠背是经黑色胶合板压制的。Wilhelmiina椅总共有六个部件，通过插接结构即可安装完成。

20世纪40年代，由于物资的缺乏，塔佩瓦拉多使用芬兰本地的材料，例如桦木。至20世纪50年代，塔佩瓦拉开始综合利用钢和胶合板来设计椅子。总之，他的设计宗旨始终是为国内外客户提供质优价廉的家具。塔佩瓦拉在1960年设计了Kiki椅（图12-15、图12-16），其直线框架的应用有别于有机形态的设计手法。塔佩瓦拉设计

图12-16 Kiki桌椅

了卵形钢质框架，上面安装织物坐垫或靠背。Kiki系列（图12-17~图12-20）奠定了那一时期芬兰家具设计的重要方向。同年，Kiki系列赢得了米兰三年展金奖。塔佩瓦拉最初只是设计了一把Kiki可叠摞椅，适用于会议厅和礼堂这些公共大空间。后来，Kiki系列逐渐发展出沙发、长凳、标准高度的桌子和小而美观的凳子。Kiki系列是芬兰最受欢迎的公共家具之一。

塔佩瓦拉拥有很多出色的室内设计成果，他在20世纪40年代为很多银行、办公室、酒店和商店做室内设计，例如OKO银行、奥利维蒂展示间和洲际酒店等，其室内设计客户遍及芬兰、美国和欧洲其他地方。同时，在工业设计方面，塔佩瓦拉于1986年为奥托设计了刀具。1957年，他也为阿斯科公司设计了Maija Mehiläinen系列灯具。

1999年，塔佩瓦拉逝世。这位设计巨匠为芬兰的工业设计发展奠定了基础。直到21世纪以前，芬兰的设计都是以他的设计图作为重要铺路石，一路走来的。

图12-17　Kiki系列

图12-18　Kiki系列沙发

图12-19　Kiki系列桌　　　　图12-20　Kiki系列凳

第十三章

维纳·潘东

在光彩照人的丹麦现代设计大师群体中，潘东属于异类。潘东早年在雅各布森建筑事务所工作，虽然由衷钦佩雅各布森的建筑和家具创作，却对雅各布森的水彩画及其色彩配置情有独钟，并随后展开毕生的研究和多方面应用。这样一来，丹麦现代设计大师以传统工艺为创意出发点的设计手法被潘东打破，他将色彩研究视为设计灵感攫取的重要途径，令潘东在北欧现代设计大师中独树一帜。作为20世纪几乎与柯布西耶齐名的现代色彩大师，潘东的设计生涯完全由色彩艺术创意及相关学术研究所主导。潘东从雅各布森的卓越的水彩画中窥见色彩的神秘与魅力，从而立志研究其来龙去脉和构成规律。从达·芬奇到歌德，从库普卡到伊顿，从康定斯基到克利，从莫霍利·纳吉到柯布西耶，潘东对色彩艺术及相关科学理论进行了系统研究，最终形成独特的"潘东色谱"。潘东的设计以色彩艺术为出发点和构成核心，并擅长将几何图形学、材料科学及空间构成模式进行结合。总之，潘东为北欧现代设计谱写了亮丽的篇章。

维纳·潘东（Verner Panton）（图13-1）1926年出生于丹麦菲英岛的甘托夫特，是20世纪60～70年代最有影响力的设计师之一。他在家具设计、室内设计、展览设计、灯具设计及纺织品设计等领域取得了革命性的突破和成就。与当时普遍受到传统工艺影响的丹麦其他设计师不同，潘东颠覆了北欧传统的设计手法，经他之手的家居用品和室内环境都充满梦幻的气氛和色彩。可以说，潘东是丹麦设计界"顽童"般的人物，也是丹麦乃至北欧的非典型设计师，曾被保尔·汉宁森（Poul Henningsen）评价为"固执但永葆年轻"。他充分调动自己的想象力和热情，用设计的手法将新材料、形态与色彩结合起来。他的作品被认为是波普风格的代表，其设计在20世纪末再度流行起来。

图13-1　维纳·潘东

潘东的父亲出身于农民家庭，是一位旅馆老板。自父母离婚后，潘东就与父亲生活在一起。潘东的儿时梦想是成为一位艺术家，但遭到他父亲的反对。作为妥协，潘东最后决定去学建筑设计。在那之前，潘东还做过泥瓦匠的工作。1944～1947年，潘东在欧登塞技术学校学习，期间去服过兵役。之后，潘东进入哥本哈根皇家艺术学院学习建筑，于1951年毕业。潘东在皇家艺术学院遇到了第一任妻子——汉宁森的继女托芙·坎普（Tove Kemp），虽然二人的婚姻没有维持多久，却让潘东与汉宁森结下了深厚的友谊，并受到汉宁森在灯具设计方面的很大影响（图13-2）。在潘东职业生涯的前两年，他进入阿诺·雅各布森事务所工作

图13-2　潘东与托芙·坎普、保尔·汉宁森在一起

图13-3 潘东与阿诺·雅各布森在一起

（图13-3），主要负责家具设计，参与了"蚁椅"的研发。

雅各布森严谨和理性的设计理念，以及他对家具色彩的研究和应用等给予潘东很大启发。他还领悟到几何形的应用方法，以至于他后来几乎所有的造型都源自欧几里得几何学。当维格纳等人在雅各布森身上看到的是精湛的工艺和设计的技巧时，潘东看到的则是几何形和色彩的设计应用。每次回忆起雅各布森这位良师益友，潘东都很感慨："随着我年龄的增长，我越发尊敬雅各布森，虽然我们思考的方式有很多不同"，"我从未从某个人身上学到如此之多，包括感受不确定的能力和永不放弃的勇气"。

1953年，潘东去欧洲游历，与一些伙伴、厂商和零售商建立了联系。1955年，潘东创建了自己的建筑与设计事务所，实验性地设计了一些折叠房屋、纸板房屋和塑料房屋方案。潘东在1962年与玛丽安·普森–奥特海姆（Marianne Person-Oertenheim）相遇。第二任妻子玛丽安虽然不是设计师，但在商业管理方面给予潘东很大帮助。20世纪60年代晚期至70年代早期，潘东开始了大量的设计尝试，激进和充满幻想的室内设计正好摆放他的家具。在潘东的职业生涯中，他对形态、色彩和光线的极致探索逐渐形成了潘东式的独特风格。他不断地实验和应用一些非传统材料，例如塑料、玻璃纤维、塑胶、钢、泡沫乳胶和其他合成材料，并学习和吸收战后产生的一系列新技术。潘东利用新材料和新技术创作的作品常常遭受诋毁，大众认为这些作品不合时宜。然而，对于潘东来说，他的工作目的就是利用大众的想象力来挑逗他们自己。潘东认为大部分人都游走于单调乏味的生活中，惧怕使用色彩。他试图寻求一种新方式来刺激大众的想象力，借助光、色彩、纺织品和家具等媒介，令他们的环境充满趣味（图13-4、图13-5）。

毋庸置疑，潘东是一位色彩大师，他在现代色彩学研究的基础上发展了平行色彩理论，即通过几何图案，将色谱中相互靠近的颜色融为一体。古往今来，很多艺术家都曾研究过色彩。歌德首次对色彩进行了系统研究。百年后，包豪斯的伊顿、康定斯基、克利和纳吉，捷克艺术家库普卡（FrantišekKupka）、柯布西耶等都有各自的色彩理论和观点。潘东对色彩的研究基于实用性，不仅诞生了"色谱"这一研究成果，他还结合新材料和新技术对成果进行应用。1996年，潘东设计的色彩空间装置Farbräume在巴塞尔的GalerieLittmann展出。参观者将陆续穿过八个循环空间，每个空间都被涂饰为不同于其他的一种颜色，人们在游览中体会色彩带来的感觉，或暖或冷。装置中的色彩通道由泡沫单元体组合实现，这些单元体具有不同的形状和颜色，它

图13-4　德国汉堡施皮格尔出版社室内设计1

图13-5　德国汉堡施皮格尔出版社室内设计2

图13-6　Inflatable 充气坐具

图13-7　可叠摞的潘东1号椅

图13-8　潘东1号椅　　　图13-9　单身椅

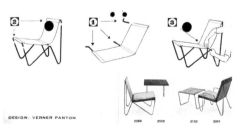

DESIGN: VERNER PANTON

图13-10　单身椅拆卸和组装方式

们围绕一个黑色的空间扩散开来。

　　潘冬的家具既是艺术作品，又不乏实用性和舒适性。他对当时还是新材料的塑料充满好奇，一直想设计一把适用于多种环境的一体成型的塑料椅子。他的家具主要由立方体、球体和圆柱体等几何体发展而来，被称为"艺术切割家具"。在20世纪中期，他的椅子因没有椅腿而显得特别，例如，潘东于1960年用透明塑料设计的家具史上第一件充气坐具（图13-6）。

　　潘东的第一把椅子——潘东1号椅（提沃利椅）（图13-7、图13-8），是他1955年为哥本哈根提沃利的一家餐厅设计的。可叠摞的1号椅适用于餐厅和会议厅等公共场所，或者客厅和厨房等家居场所，还适用于阳台和花园等户外环境。1号椅的框架采用不锈钢，做了抛光处理。其坐面和靠背由尼龙加强的聚氨酯线绳编织而成。椅子有十种颜色可供选择，也可以根据客户要求定制颜色，还有长椅版和吧凳版。该椅在20世纪70年代停产后，于2003年又再投产，曾获Bo Bedre's Classic Award。同年，潘东的单身椅（图13-9、图13-10）也由弗芮茨·汉森公司推出。单身椅可拆卸，带或不带软垫，其主要框架为两侧的N形弯曲钢管，由两件横枨相连。

1956年，潘东第一次尝试用一体成型的单个元素来设计椅子。在WK-Möbel组织的家具竞赛中，潘东提交了这一理念下的系列椅子的设计方案（图13-11）。它们的坐面和背板是一体的，呈S形。虽然这些椅子方案最终没有获奖，大部分仅停留在图板上，但它们是潘东之后那些经典作品的思考基础，例如著名的潘东椅。

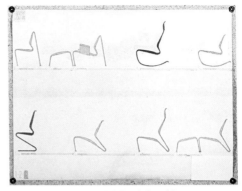

图13-11　WK-Möbel组织的家具竞赛设计方案

图13-12　Kom-igen旅馆的室内设计

1958年，潘东的父亲将自己的Kom-igen旅馆的室内设计交给潘东。旅馆的餐厅位于朗格索公园的中心地带，潘东负责餐厅的室内设计以及一层的扩建。完工后的餐厅呈现出五种不同明度的红色，设计师想以此营造温暖的感觉（图13-12）。餐厅的室内整体偏深红色，桌布和工作人员的制服等采用了明度高一些的红色。潘东还设计了一种带有几何图案的隔断装置，它们从天花板上垂挂下来，把餐厅的大空间分割成更小的独立单元。潘东为这个餐厅设计了圆锥椅（图13-13、图13-14），不久就被PlusLinj公司投产。圆锥椅，顾名思义，其主体是圆锥形的金属框架，底座是可以旋转的十字金属脚。圆锥椅的靠背后来被设计为心形，就称作心形圆锥椅（图13-15）。另外，圆锥椅还有金属网格版（图13-16）。

图13-13　圆锥椅

图13-14 Kom-igen旅馆室内的圆锥椅

图13-15 心形圆锥椅

图13-16 金属网格圆锥椅

图13-17 "S"椅

图13-18 "S"椅可叠摞

"S"椅（图13-17、图13-18）诞生于1965年，有275和276两个版本，是可叠摞的胶合板椅。椅子坐面的两侧边缘略微向上翘起，能够更好地贴合臀部。同年，潘东为德国Kill&Metzeler公司设计了一组模块化家具系统，包括两个高靠背单元和两个矮靠背单元，均为增强泡沫体包覆弹性面料。

潘东一直执着于用单一材料制作悬臂椅的初心。从20世纪50年代末起，他就开始了对玻璃纤维增强塑料和化纤等新材料的试验研究，并在1958～1959年间画了很多S形椅子的草图。不久之后，他用聚苯乙烯做了一把等比例的椅子模型，是经实验完成的全世界第一张一体成型的塑料椅。虽然没法坐，但潘东至少可以拿着它去找生产厂商。这个模型后来被Vitra设计博物馆收藏。功夫不负有心人，20世纪60年代早期，潘东与时任Vitra管理总监的威利·菲尔鲍姆（Willi Fehlbaum）取得联系，后者向潘东表达了希望将S形椅子投产的意愿，令潘东十分兴奋，还因此举家搬到了巴塞尔。但好事多磨，直到1965～1967年间，这系列椅子的投产工作才列入日程。1967年8月，潘东椅（图13-19）终于面世。它具有优美的线条，雕塑般的体态，亮丽的色彩。潘东椅质轻耐用，舒适有弹性，适用于室内外多种环境。潘东还与米勒公司建立了潘东椅投产的合作，利用玻璃纤维增强塑料使潘东椅整体成型。自此以后，考虑到经济和美学的因素，潘东椅陆续采用不同的生产技术，以四种不同的塑料被制成了四个不同的版本。但所有的潘东椅版本都是在厂商与潘东的密切合作下发展出来的。在潘东椅之前，全世界的设计师都在探索利用单一材料使椅子一体成型的方法，但未能成功，小沙里宁的柱脚椅也未实现。

图13-19　潘东椅

1968年，潘东的"居住塔"系统在巴黎卢浮宫展出，同时参展的还有伊姆斯夫妇、居奥·科伦波（Joe Colombo）等人。居住塔有两层，被放置在房间的中央部位，就像上了色的巨型家具，也可以解释为垂直空间上延伸的床铺。在潘东看来，如果空间是灵活的，家具之间是可以叠放的，例如床铺。居住塔的顶部是一个休闲区域，可以选择是否放置圆形的桌子。其底部是可以容纳六个人的用餐区。当然，居住塔并不限于两层，客户可以根据需要在垂直或水平方向上添加更多的单元。

图13-20　Vilbert椅

Vilbert椅（图13-20）是潘东1993年的作品，椅子由四张中纤板通过螺钉组合起来，通常有两种配色。1998年，Vilbert系列又产生了限量的钢化玻璃版，其部件用胶合的方式连接。

图13-21　Pantoflex系列1

潘东不仅富有娱乐精神和幻想能力，他在人体工学方面的研究也丝毫不逊，主要体现在潘东与VS公司自1993年起长达五年的合作中。潘东曾与巴塞尔的矫形专家埃文·摩夏尔（Erwin Morscher）教授讨论过动态坐具的设计，二人一致认为悬臂椅是此类坐具的最佳选择。之后，他于1994年设计了Pantoflex，并交由学校家具制造商VS投产。Pantoflex系列（图13-21～图13-24）最初被用作办公椅，但鉴于它们良好的人体工学特点，其中一个版本被学校看中了。如果朝着学生用

图13-22　Pantoflex系列2

图13-23　Pantoflex系列3

图13-24　Pantoflex系列4

图13-25　Visona 2展览1

椅的方向发展，这类椅子就要物美价廉。最终，椅子采用了双壁设计的塑料坐面和靠背，并应用了VS公司成熟的透气技术。双壁设计所形成的闭合面能够有效提高椅子的质量。由于这把改进后的椅子支持动态坐姿，也被称为"PantoSwing"。为了尽可能满足所有学生的需求，PantoSwing的坐面被设计为四种不同尺寸。凭借超过300000的年产量，PantoSwing当之无愧地成为欧洲最成功的学校用椅。紧接着，潘东和VS公司又合作了一款高度可调节的旋转动态椅——PantoTurn（PantoMove）。该椅一开始是两向度的两侧倾斜，后来发展为三向度的两侧加前后倾斜，基本满足了摩夏尔教授关于学校用椅的标准。

潘东还承担了很多展览设计项目，他的室内、展览、家具、灯具等设计都是相辅相成的。20世纪60年代末期到70年代中期，为了在科隆家具展上展出和推销家居复合材料，德国拜耳化学制品公司每年参展时都会租一只莱茵游览船，同时他们想找一位设计师将它改造为临时展厅。展示的主角是拜耳的特拉纶复合纤维及其在室内纺织品中的应用，以至于他们干脆就把这艘船叫"特拉纶船"了。潘东被拜耳邀请改造展厅，他本人至少为拜耳公司设计了两次游览船展览。"Visona 0"是潘东1968年设计的，他结合家具和灯具的展示，为拜耳创造了一个以色彩和光为主题的展厅。1970年，潘东与意大利设计师居奥·科伦波、法国设计师奥利威尔·穆固合作设计了"Visona 2"展览（图13-25、图13-26），三人利用多种颜色的有机形体构成了一个空间装置，堪称20世纪后半期重要的空间设计之一。除此之外，"Visona 2"中的家具、灯具、墙面材料和纺织品等都很出色。

与路易斯·鲍尔森（Louis Poulsen）的合作让潘东走上了灯具设计之路，与汉宁森的合作则令潘东的灯具设计攀到了巅峰。与当时斯堪的纳维亚的一些设计师不同，潘东设计了一系

图13-26　Visona 2展览2

列具有强烈个人风格的现代灯具。为了不被形式所限，潘东试图从光这一物质入手，发展出一种与光的功能及其影响有关的理论。1959年的Topan灯是潘东第一件投产的灯具，他于第二年设计了Moon 灯（图13-27）。1971年，潘东设计了Panthella灯（图13-28），这是经艺术家设计而备受欢迎的产品之一。Panthella的光源被隐藏，喇叭形底座和丙烯酸灯罩也承担着光的反射功能。潘东尤其擅长利用新材料来设计灯具，例如1970年的潘特拉灯具和1975年的有机玻璃VP球形吊灯。

图13-27　Moon 灯

在其职业生涯中，潘东获奖颇丰。1963年，潘东荣获美国国际设计奖，他后来分别在1981年和1986年陆续获得该奖项。1967年，《Mobilia》刊登了潘东的椅子，并首次向公众推介，潘东在这一年获得丹麦PH奖。此外，他还于1973年获得德国好形状奖，于1981～1984年间连续五次获得德国"Deutsche Auswahl"奖。1979年，巴塞尔的瑞士国际家具展特意为他举办了Pantorama个人展，以表彰他的设计贡献。1984年，潘东被聘为奥芬巴赫设计学院的客座教授。

图13-28　Panthella灯

1998年9月5日，潘东在哥本哈根去世，享年72岁。此前不久，他曾被丹麦女王授予丹麦国旗十字勋章。十多天后，潘东的个人回顾展——《光和色彩》在Trapholt博物馆向公众开放（图13-29、图13-30）。

图13-29　《光和色彩》展1

图13-30　《光和色彩》展2

第十四章

艾洛·阿尼奥

艺术、时尚和趣味是阿尼奥设计作品的风格标签。自20个世纪50年代末至今，这种风格已引领世界波普设计的发展方向近七十年，始终传播着饱满和强劲的艺术创造力。阿尼奥自己首先就是一位艺术家，每天都会用绘画和雕塑的方式记录下脑海中随时闪现的创意灵感。阿尼奥是一位孤独的艺术创意大师。从创业伊始到今天，他始终是独自工作，用自己的双手为这个世界不断奉献着充满惊喜和趣味的设计作品。同时，阿尼奥又非常善于与工厂合作，并从生产工艺和材料研发中丰富和发展自己的艺术构思。阿尼奥追寻时尚，更创造时尚。人类对太空的梦想引领着球椅的构想；芬兰赛车手哈基宁获得世界冠军的喜讯为阿尼奥带来一级方程式休闲椅的诞生；而电脑的流行又让阿尼奥开发出一系列构件组合式办公椅。可以说，阿尼奥是一位热情奔放的设计大师，永远生活在艺术创意与时尚趣味的碰撞体验中。

艾洛·阿尼奥（Eero Aarnio）（图14-1）1932年生于芬兰赫尔辛基，他是著名的家具设计师、室内设计师、展示设计师和工业设计师，也在平面设计和摄影等领域有不俗的表现。在阿尼奥涉猎广泛的职业生涯中，他创作了数量众多的高质量作品。这些作品被世界各大知名博物馆收藏，例如伦敦的维多利亚与阿尔伯特博物馆、纽约的现代艺术博物馆。

图14-1　艾洛·阿尼奥

阿尼奥在中学时就对摄影产生极大兴趣（图14-2）。1952年，他为同学拍的照片大获好评，老师干脆把学校的摄影任务交给他了。之后，他的名气被传出去了，一些社会机构和人群也来找他拍照。阿尼奥的最初理想是做一名建筑师，他于1953～1954年间进入Sysimetsa的建筑事务所工作。1954～1957年间，阿尼奥进入赫尔辛基应用艺术学校学习，期间在国家公共建筑委员会做兼职。不久，阿尼奥开始在塔佩瓦拉的设计事务所工作，协助塔佩瓦拉完成了几项室内设计项目，也参加了一些家具设计竞赛。1959年，阿尼奥又加入了昂地·诺米斯奈米的设计工作室，参与室内设计工作。一年后，阿尼奥开始与Asko公司合作。阿尼奥曾在1958年的Valmet Trade Mark竞赛中拔得头筹，接着又以他的手稿在1959年的Zip-use竞赛中获得头奖。

在现代波普艺术和设计的发展史上，阿尼奥堪称大师级的旗手，以独特的艺术思想和设计创意被推崇为波普设计的代表。他认为："在设计与艺术之间不存在界限，设计师就是艺术家"，"我的创作灵感来自于日常生活的每一个方面。艺术最根本的功

图14-2　摄影中的阿尼奥

图14-3 杂志封面上的球椅

能就是把人性最根本的灵魂带入日常物件中去"。阿尼奥是"以艺术为本"的浪漫主义家具设计大师，被称为北欧学派的"叛逆"者。对于阿尼奥来说，生于大师辈出的国度与年代，如何突破瓶颈并走出自己的路是个难题。芬兰设计传统注重生态、功能和人本的理念。阿尼奥以此为基础，又从艺术中走出了自己的路，创作了波普艺术集大成的作品。他的作品体现了对艺术语言的追求，命名与外形直接相关，常被选为戏剧或电影中的道具，他成为第一批电影家具设计师。阿尼奥的大部分作品都通过与工业的结合，将其艺术创意传播到世界各地。与丹麦的维纳·潘东一样，他是非典型的芬兰设计大师。

球椅作品使阿尼奥一夜成名，成为各大杂志争相报道的头条（图14-3）。泡沫椅、香皂椅等也都是这位设计大师的经典作品。它们不但是阿尼奥的个人标签，也给一向以严谨著称的芬兰设计带来一缕清风，确立了阿尼奥在国际领域内的重要地位。阿尼奥艺术引领创意的教育背景，是从老沙里宁、阿尔托、其老师塔佩瓦拉等人那里继承而来的，也结合了包豪斯教育基础上强调的艺术引领设计的路线。不同于其他大师的是，阿尼奥终其一生都只创建了个人工作室，夫人是他的秘书兼助理，擅长单打独斗。

阿尼奥认为，所有的设计必须给人带来欢乐，不管用什么手法。同时，科学与材料的研究也是阿尼奥一直进行的。他自己动手用材料实现自己的创意。阿尼奥还是绘图高手，随时都记录脑海中的创

意，其工程图堪比艺术品，始终坚持
要画1:1的图，以便把每一个细节都表
现出来（图14-4）。阿尼奥认为作品和
生活一样，都应该有多种风格、多种形
式、多种色彩。

图14-4　阿尼奥绘图

　　阿尼奥是维克多·帕帕奈克口中的
"猎手-渔夫-水手"型设计师，总是在
寻求新的猎物，去探索未知的领域。他
善于从周围环境中学习并挑战所学，再
以新的成果回馈和重塑环境。1962年，
阿尼奥在赫尔辛基创建了自己的工作
室，开始以自由设计师身份工作。阿尼
奥的职业生涯总是充满激情。阿尼奥为
斯堪的纳维亚的家具厂（Martela, EFG）
设计办公家具，为Adelta公司提供设计
创意。虽然两类工作看起来大相径庭，
但针对二者的交叉创作和思考过程却成
为阿尼奥创意火花萌生的渠道。他还为
意大利Valli&Valli公司设计高端金属门和
家具把手（图14-5~图14-8）。意大利
人崇尚自由精神，鼓励创意，他们给了
阿尼奥尽可能大的创作自由。

图14-5　20世纪90年代设计的门把手

　　阿尼奥认为，大众对家具的需求是
多样化的，他想引导大家用新的视角去
看待家具，每件设计都需考虑生产问
题、材料的利用问题等，都应该尽可能
多地满足使用者，但尽可能少地浪费材

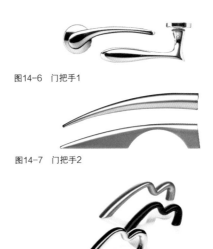

图14-6　门把手1

图14-7　门把手2

图14-8　门把手3

图14-9　1983—2001年设计的摇椅

图14-10　1981年设计的Kimara
办公椅系列1

图14-11　1981年设计的Kimara办公椅系列2

图14-12　2000年设计的Forum椅

料。设计中首先要解决的是技术和人体工学的问题（图14-9～图14-11），他对力所能及的所有工作都很投入，常将一个设计项目作为一个建筑整体来对待。在他看来，设计师和艺术家看到和经历得越多，他们的作品就会越好。

阿尼奥渴望创新，但他同时也强调传统的价值。很多伟大的设计师都对他产生过影响，那些博物馆里先民们的遗物也让他深受启发，因为先民们总能发现日常工具的设计重点在哪里（图14-12）。早期，阿尼奥注重保持芬兰传统的家具设计程序、以本土材料的选用为主。他声称："60年代，玻璃钢的出现给了我打破传统家具设计思路的机会"。那个时候，新材料、新形式和新思想给了阿尼奥这一代设计师很多启示。设计必须是启发人们去产生新理念的行为，好的设计是没有时间限制的。于是，他积极发展出与处理自然材料不同的设计理念和方法，赋予传统材料以创新思想。阿尼奥的产品注重实用功能，但也关注产品本身与自然的关系，以及对自然的影响。

阿尼奥1960年搬往拉赫蒂，在Asko工厂担任设计师，图14-13的椅子是他加入Asko后设计的早期作品。这一时期，阿尼奥被芬兰的传统家具制作方式所影响，多使用层压胶合板和硬木。该椅子具有简洁稳固的金属框架，坐面和背板是胶合板弯曲成型的，贴合人体的臀部与背部。

图14-13　阿尼奥在Asko设计的早期作品

20世纪60年代，阿尼奥开始应用塑料，打破传统家具的框架结构。作品出来后，习惯于传统家具原木颜色的人们，惊讶于这类新材料带来的活泼而亮丽的色彩。阿尼奥用塑料来尝试有机形态，这些作品都体现出如何将坐面、框架、椅腿融合为一个整体的理念。塑料家具代表了一种自由的装饰和生活方式的新趋势。它们被用于室内或室外，而且不限制使用者的坐姿。阿尼奥用适合的加工方法处理新材料，例如手工制作加工玻璃钢、喷射造型法加工聚丙烯、加热造型法加工丙烯酸板。在经历多次实验后，阿尼奥认为圆形和卵形是塑料材质最理想的造型，而球形或圆形对材料和生产工艺来说，都是很合理的。

1963年设计的球椅（图14-14）是"空间内的空间"，试图营造一种舒适而平静的氛围，避免外界噪声的干扰，为用户提供一个私密的空间来休息或打个电话等。阿尼奥回忆，当他构思球椅形态时，他一下就想到了鸡蛋。鸡蛋是自然

图14-14　阿尼奥一家坐在球椅里

界最稳固和完美的设计之一。阿尼奥认为他的作品都有着自己的个性。从结构上看，卵形和球形都来自于大自然。自然物先于人造物，里面包含无数的卵形和球形事物，例如鸡蛋、水滴等。同时，太空旅行这一主题成为那个年代设计师们的灵感来源，家具的形式体现出太空时代的幻想和探索精神。阿尼奥创作了一个像太空舱一样的球椅，还带有立体扬声器。椅子里面的人就好像坐在飞船里正飞往太空一样。

球椅可随着底部的轴进行旋转，让坐在椅子里的用户看到各个面不同的场景。它是20世纪最引人注目的椅子之一。第一把手工制成的球椅仍然摆放在阿尼奥的住宅里。经过多次修改，这把椅子最终以最简洁的球体呈现。阿尼奥曾将椅子的设计图等比例挂在墙上，他想象坐在椅子里感受自己头部的转动。"因为相对身高较高，我坐在椅子里，让我妻子在墙上标注我头部的位置，我就是这么确定椅子的高度的。"之后，阿尼奥按照滑翔机机身和机翼的制作原理开始做第一个椅子原型：先用湿纸覆盖胶合板，然后用玻璃纤维包覆表面来做外壳，之后移除内部的模型，再加上织物和椅腿，最后给椅子装上了红色的电话（图14-15）。

在球椅理念的基础上，泡沫椅（图14-16、图14-17）诞生了，是前者的简化版。泡沫椅的球形是纯吹制的，后来成为太空时代设计的一种典型形式。阿尼奥的本意只是考虑到材料的属性和加工特性，但后来记者把这类设计称为太空时代的设计，可能是为了帮助人们更好地理解这些新材料和新造型。阿尼奥描述："在设计了球椅之后，我想让光线进入里面，因此我设计了这个透明的泡沫椅，光线可以从四面八方照进来。丙烯酸是最适合的材料，加热后可以吹成肥皂泡的形状"。泡沫椅能够为你在嘈杂的环境中提供一个安静和明亮的空间。在

2000年的汉诺威世界博览会上，11个泡沫椅被采用。挪威电话电信公司在新大楼的入口大厅里安装了一些泡沫椅，为移动电话的通话提供了安静的空间。这种透明椅子也用在音乐视频、广告和时尚杂志中。

图14-15 装有电话的球椅

阿尼奥于1967年设计了糖果椅（图14-18）。其外形源于名为Pastil的糖果。椅子由玻璃钢压制的两个部分组合而成，饰以活泼的颜色，包括柠檬色和橙子色，是波普艺术的象征。约里奥·库卡波罗提及，糖果椅是家具设计上的突破式创新，它坐起来很舒服，还能摇来摇去，且随意变换坐姿。糖果椅最初是为球椅宽大的内部空间设计的一个可放置的圆形椅子，直径满足球椅内部的尺寸（图14-19）。阿尼奥因糖果椅获得了美国工业设计奖。有趣的是，糖果椅的功能在不同环境中得到衍生，可在水上漂浮的特点使其成为水上坐具（图14-20），光滑圆润的造型使其成为不错的滑雪用具（图14-21）。糖果椅在1968年的科隆博览会展出，引发轰动（图14-22）。糖果椅外形简洁，有现代艺术的表现特色，拥有糖果般明快的色彩，是现代摇椅的变体，从材料使用、家具造型、功能体验等多个方面实现了

图14-16 光线充足的泡沫椅

图14-17 杂志封面上的泡沫椅

图14-18 具有多种鲜艳颜色的糖果椅　　图14-19 糖果椅刚好放入球椅　　图14-20 糖果椅用于水上娱乐　　图14-21 糖果椅用于雪地娱乐

图14-22 1968年科隆博览会芬兰馆一角的糖果椅

图14-23 糖果椅的多种坐姿1

创新。纽约时报对糖果椅的评价是："为人体提供的最舒适的形式"。阿尼奥提到："糖果椅可以从很多个角度欣赏。我的第一个椅子原型用聚苯乙烯制作,这种材料易于成型,便于把握尺寸、人机尺度和摇摆的幅度"。坐在这把色彩明快的大尺度"糖果"里,你会觉得十分舒适,也可前后左右地摇摆(图14-23、图14-24)。

之后的年代里,阿尼奥扩展了他对塑料的应用,陆续创作了多个经典作品。他于1971年设计的西红柿椅(图14-25)完全由弧线与曲线构成,是球椅和糖果椅的结合。1991年,阿尼奥设计了波浪形的Copacabane玻璃钢桌子(图14-26),在接下来的两年里设计了Cacadu椅(图14-27)和海豚桌椅系列(图14-28、图14-29)。方程式椅(图14-30、图14-31)在1998年的诞生是

图14-24 糖果椅的多种坐姿2

图14-25 西红柿椅

图14-26 Copacabane玻璃钢桌子

图14-27 Cacadu椅

图14-28 海豚桌

图14-29 海豚椅

具有戏剧性的，其设计灵感源自芬兰选手在国际一级方程式赛车比赛夺冠这一事件。

20世纪70年代，阿尼奥开始对聚亚安酯泡沫进行设计尝试，Pony椅（图14-32~图14-34)于1973年诞生了。阿尼奥认为，家具设计的灵感可以来自各种渠道，包括动物。设计和自然没有区别，坐具就是支持人体姿态的工具，你必须从生活和周围环境中去寻找创意，才能将它们变得与众不同。Pony椅可以让你骑，也可以让你坐，耳朵部位可以做靠背。设计师在模型制作的过程中不断产生新的想法并加以修正。Pony椅由

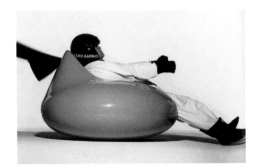

图14-30 方程式椅1

图14-31 方程式椅2

图14-32 Pony椅

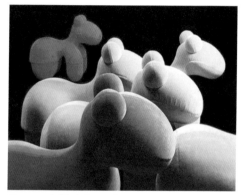

图14-33 多种颜色的Pony椅

聚亚安酯附在金属骨架上形成，表面包覆弹性软垫和丝绒。Pony椅色彩多样，有白色、黑色、橙色、绿色、棕色和红色可选。Pony椅可为人体提供自由的坐姿和不同的体验，可做凳子或椅子（用Pony的头和耳朵部分作为靠背）。孩子们被Pony吸引，因为它看起来就像一个大号的玩具。但阿尼奥的目的不是做一个玩具，Pony的尺度成人也可使用。Pony体现了阿尼奥的浪漫和幻想主义，坐在上面你的思想可任意驰骋，想象一下Pony将带你去何方？阿尼奥认为：椅子是椅子，但坐具并一定是椅子，可以是任何符合人体工学的东西。坐具也可以是Pony这样的，你可以骑在上面，或者随便坐。Pony诞生近30年后，Chick椅于2002年面世了，十分吸引眼球（图14-35）。与Pony不同的是，Chick椅的腿部是涂饰了聚氨基甲酸乙酯的钢结构，与身

图14-34 阿尼奥制作Pony椅原型

图14-35 Chick椅

图14-36 Puppy椅

体部分不是一个整体。2005年，阿尼奥以同样的思路和手法设计了Puppy椅（图14-36）。

　　1954年的夏日里，阿尼奥来到他未来妻子Pirkko的家乡，在那里学习编篮子。在芬兰，这项工作通常是盲人们手工完成的。当编完一只后，阿尼奥把篮子翻过来，就变成了一个凳子。它是后来阿尼奥设计的"蘑菇凳"的鼻祖。第一批蘑菇凳是藤质的，在20世纪60年代红极一时（图14-37~图14-39）。一段时期内，这个系列多种多样的藤椅和凳，甚至1967年的玻璃钢版本的"蘑菇凳"都曾在香港被生产（图14-40）。直到1998年，玻璃钢"蘑菇凳"才在芬兰本地被制造，由Adelta公司销往全世界。蘑菇凳是阿尼奥的第一个商业设计。

图14-37　阿尼奥在藤编中

图14-38　藤编蘑菇凳

图14-39 藤编蘑菇椅凳系列之象靴椅

图14-40 玻璃钢蘑菇凳

图14-41 V.S.O.P椅

玻璃钢的V.S.O.P椅（也被称作科隆椅）（图14-41）和Kanttarelli桌是阿尼奥1967年设计的。椅子在1968年的科隆家具展上首次亮相，其玻璃钢的坐面外壳与同样材质的圆形底座形成统一。椅子包覆的织物可拆卸，坐垫是活的。与V.S.O.P椅同时展出的是蘑菇造型的Kanttarelli桌（图14-42），桌面和底部的柱脚都是连为一体的，有直径27英尺和51英尺两个型号。

Upo23塑料椅（图14-43、图14-44）由ABS塑料注塑成型，采用了单元件模数系统，包含坐面、靠背和四条腿六个部件（图14-45）。椅子可叠摞，包装和组装也很方便。Upo23椅的形式直白地体现了结构，非常结实耐用，通用于家庭或公共场合。轻质的椅子易搬动，易清洁，颜色耐久。众多优质特性使Upo23椅可以在室内或室外被使用。在1979年的科隆国际家具展上，彼时在德

图14-42 1968年科隆家具展上的V.S.O.P椅和kanttarelli桌

图14-43 Upo23 椅

图14-44 叠摞的Upo23椅

图14-45 Upo23椅单元件

图14-47　Mille办公椅系列1

图14-46　乌尔·霍凯科宁于1979年到访科隆展的阿尼奥展　　图14-48　Mille办公椅系列2

国官方访问的芬兰总统乌尔·霍凯科宁（Urho Kekkonen）特意到访阿尼奥的展位，兴致勃勃地与设计师谈论这把Upo23椅（图14-46）。

　　Mille办公椅系列（图14-47、图14-48）完成于1975年，是阿尼奥为Martela公司设计的。这个系列包括四把不同的椅子，都带有五爪的底座，包括靠背椅、小型扶手椅、大型扶手椅和带头靠的扶手椅。Mille办公椅的坐面以玻璃钢成型并包覆织物，扶手是由铸造铝制成的。Lobby沙发和桌子是阿尼奥1977年为Martela公司设计的又一系列产品。沙发是金属管框架，坐面和靠背用胶合板成型并包覆织物。

　　1982年，阿尼奥为Asko公司完成了Oliver系列椅子（图14-49）的设计。椅子坐面分为带或不带一体扶手两种形式。不同

图14-49　Oliver系列椅

图14-50　Prisma椅

图14-51　Screw 桌

图14-52　Parabola 桌

图14-53　"中国" 凳

的腿部设计是为了让椅子适应不同的使用需求。该系列有日常用椅、办公椅和休息室椅这几类。

Prisma椅子（图14-50）由阿尼奥创作于1985年。几何体的椅子部件从视觉上看起来不是太舒适，但其实它的尺度是经过试验得到的，符合人体工学对舒适的要求。Prisma椅采用木质框架，以聚醚包覆。侧板一般饰以黑或白漆，内侧用不同颜色的织物或者皮革包覆。

图14-51是1992年阿尼奥设计的 Screw 桌，他总是在观察周围的事物。在阿尼奥眼里，大自然、建筑、物品是否可脱离比例或大小反转？鉴于这些古怪的想法，一颗小的螺钉也可成为一张桌子，只是比例不同。螺钉的形式让桌子显得与众不同，激发了使用者的想象力和创造力。阿尼奥认为螺钉的用处很多却经常不为人们所见，它们应当被展示出来，以桌子的形式出现在卧室、自助餐厅、咖啡店和酒吧。图14-52的 Parabola桌第一次面世是在2002年1月的德国科隆国际家具展上，由玻璃钢制成。阿尼奥偏向于使用白色，因为白色更能展示桌子的雕塑气质。

阿尼奥在2001年设计了"中国"凳（图14-53）。形式和尺度都与中国古代战国时期的矮桌十分相似。那时的人们席地而坐，使用矮型家具。阿尼奥的这次尝试重在表现凳子的优美形式，这是他对中国家具有兴趣和有感悟的地方。中国凳采用硬木，充分展现出木头的天然纹理和色彩。

在其他方面，1965~1966年间，阿尼奥设计了芬兰第一款供大众使用的桑拿系统（图14-54），其各元件可被组装，适用于任何住宅、旅店等。该产品远销海外，很受欢迎，阿尼奥还设计了配套使用的电炉子、坐具和其他附件。除此之外，阿尼奥也设计手表（图14-55）和餐具（图14-56~图14-58），而灯具设计（图14-59~图14-61）无疑是阿尼奥的另一兴趣所在。

阿尼奥在建筑设计上也有很大成就。每设计并建造完一座建筑后，他就售卖出去。1974年，阿尼奥设计并建造了他在赫尔辛基的第一栋住宅，是一座大而紧凑的住宅。其外观简洁，但内部雅致而精美。1988~1989年间，他又设计和建造了第二栋现代化的临湖住宅兼工作室，与周围环境恰如其分地融为一体（图14-62~图14-67）。住宅的窗户朝西，房间能够享受夕阳西下的漫长时光。住宅内有个大房间来放家具原型，有一张

图14-54 可组装的桑拿系统

图14-55 2001年设计的手表

图14-56 1980年为OKO银行设计的勺子礼品

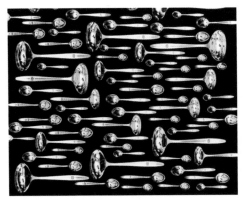

图14-57 OKO银行礼品

图14-58 OKO银行礼品

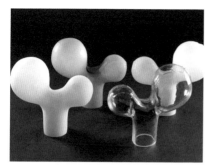

图14-59 2001年设计的Bubble bubble灯

图14-60 阿尼奥住宅室内的Bubble bubble灯

图14-61 Bubble bubble灯在吹制中

图14-62 住宅兼工作室前院

图14-63 住宅兼工作室中廊一角

大桌子可以放得下1∶1的家具设计图，也有足够大的空白墙壁把设计图挂起来观察。该住宅有壁炉、老式的烤炉、桑拿房和两个车库，阿尼奥一家的需求都一应满足。借阿尼奥的话来说，这是他们住过的最好的房子了。

图14-64　住宅兼工作室入口

图14-65　住宅兼工作室室内1

图14-66　住宅兼工作室室内2

图14-67　住宅兼工作室厨房

第十五章
约里奥·库卡波罗

对芬兰设计大师库卡波罗而言，人体工程学和生态设计理念是其设计科学的经线，而各种门类的艺术则构成其设计科学的纬线。20年前，我第一次去库卡波罗工作室，立刻感受到这实际上是一座鲜活的艺术博物馆，各种门类的艺术云集交织，孕育着一种无处不在的创意设计氛围。大量的设计和艺术作品遍布于库卡波罗工作室的室内外空间及花园当中，有荷兰设计大师里特维尔德赠送给库卡波罗的经典著作"红蓝椅"，有库卡波罗和他的艺术家夫人伊尔梅丽多年收藏的中国明代花鸟画和人物肖像，有欧美著名雕塑家赠送给库卡波罗的不同风格、不同材质的雕塑作品，有库卡波罗夫妇两人在世界各地讲学及旅行中收集的各种民间工艺品，有欧洲各国艺术家为库卡波罗在过去近七十年里设计的展览海报，以及更重要的——夫人伊尔梅丽的绘画、版画及海报作品。艺术包围着库卡波罗！艺术陶醉着库卡波罗！艺术引领着库卡波罗！库卡波罗在艺术的天地间感受和追寻着设计创意的火花。

约里奥·库卡波罗（Yrjö Kukkapuro）（图15-1）是20世纪设计大师中获奖最多的人之一，其作品涵盖建筑、室内、展示、产品、平面等多个方面。在20世纪下半叶的50年间，他几乎荣获过国际国内有关室内和家具设计的所有著名奖项。库卡波罗还对工业设计感兴趣，在办公电话、空调、农业机械和灯具方面都有硕果（图15-2、图15-3）。他24岁时已有30项设计投入生产。目前为止，在设计大师中，大部分作品还在生产线上的，首先就是库卡波罗，其五十多件产品至今仍在生产，生命期持续了五六十年。这位大师坦言，伊玛里·塔佩瓦拉的"艺术构成通论"、瑞典医学家阿克布罗姆的人体工学研究成果、罗纳·（斯嘎普）·英格布罗姆的传统家具研究对他的影响长远而深刻。在其设计生涯中，同其他设计师一样，库卡波罗不断地将艺术创意融入设计，从艺术的修养和灵感出发进行创作，产生了大量的作品。

图15-1　约里奥·库卡波罗

约里奥·库卡波罗1933年出生于芬兰维堡。第二次世界大战之后，库卡波罗一家移居到伊梅塔拉。库卡波罗的母亲是一位出色的裁缝，父亲是一位建筑油漆工，爱好摄影。母亲工作的耳濡目

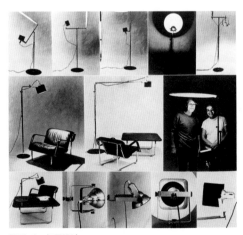

图15-2　灯具设计

240

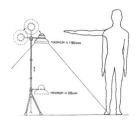
图15-3　灯具设计研究

图15-4　1956~1957年的速
写作品1

图15-5　1956~1957年的速
写作品2

图15-6　伊尔梅丽·库卡波罗在工作室创作

图15-7　在塔佩瓦拉指导下创作的泥塑

染让库卡波罗爱上了手工，各种雕刻品、小提琴、皮质钱包、金属脚踏车等都是他儿时的手工作品。

库卡波罗自小就表现出绘画天分，中学毕业后到伊梅塔拉艺术学校学习油画。之后，他又在一位来自赫尔辛基的老师建议下，前往赫尔辛基工艺与设计学院继续深造，计划进入平面设计系。库卡波罗表现出出色的绘画天赋（图15-4、图15-5），大学四年多次获奖。在其早期，老师认为他将来会是一位伟大的画家，其雕塑天分也很高。同时，夫人伊尔梅丽·库卡波罗是其设计生涯中的重要合作者，也是一位出色的艺术家（图15-6）。虽然两人各自有发展的方式和方向，但二人不断的日常交流都是库卡波罗创作的源泉。其夫人的版画艺术思想始终感染着库卡波罗。在其设计过程中，其艺术家夫人随时都能给出意见，并与其交流。其20世纪80年代后期的设计，加入了装饰、造型和色彩的元素，都与其夫人的影响有直接关系。库卡波罗夫妇对世界各地的艺术都很感兴趣，很早就收集中国的艺术品。夫人的灵感来自于大自然，汲取了世界各地的艺术。芬兰的阿尔瓦·阿尔托、塔佩瓦拉、沃纳·威斯特，以及芬兰之外的查尔斯·伊姆斯、小沙里宁、哈里·伯托埃、布鲁诺·马松等都曾对库卡波罗产生过影响。

图15-8 求学期间的家具设计草图1

塔佩瓦拉是库卡波罗的老师，也是对他影响至深的杰出设计师。塔佩瓦拉在包豪斯教程的基础上进行创新，开设了设计基础原理课（图15-7）。库卡波罗直接继承了塔佩瓦拉的衣钵，他曾多年任教于赫尔辛基艺术与设计大学（现阿尔托大学），并担任校长。他还是英国三所大学的客座教授，常到世界各地展开讲学。库卡波罗1988年被芬兰总统授予"艺术教授"这一最高艺术称号，教学期间培养了更多优秀的设计师，其教学理念也随其走遍世界各地。

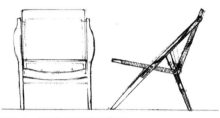
图15-9 求学期间的家具设计草图2

图15-10 库卡波罗学生时代的早期作品1

机缘巧合，库卡波罗在赫尔辛基工艺与设计学院学习期间来到保罗·波曼的家具厂从事短期工作，成为总设计师伊凡·库得里亚泽的助手，开始了与家具的亲密接触，并深深爱上了这个领域（图15-8、图15-9）。在学生生涯中，库卡波罗几乎取得了所有竞赛的一等奖，并有机会参观欧洲其他地区的设计中心。在专业学习的第二年，他的竞赛获奖作品就被投产。到20世纪50年代中期，库卡波罗就已在赫尔辛基的设计圈里崭露头角了（图15-10、图15-11）。

图15-11 库卡波罗学生时代的早期作品2

图15-12 1955年，罗纳·（斯嘎普）·英格布罗姆指导下的芬兰国家博物馆展品测绘图1

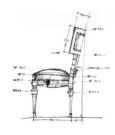
图15-13 1955年，罗纳·
（斯嘎普）·英格布罗姆指导下
的芬兰国家博物馆展品测绘图2

图15-14 赫尔辛基露天博物馆Karelian住宅内景

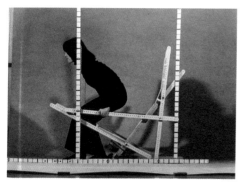
图15-15 对椅子人体工学的研究

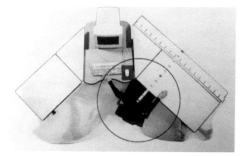
图15-16 对办公系统人体工学的研究

他那些突破芬兰传统的革新设计引发了争议，更引起了关注。

库卡波罗于1959年成立工作室，他所有的作品都遵循4E原则（生态、经济、美学、人体工学）。同其他芬兰设计师一样，大自然是库卡波罗灵感的重要源泉之一，他提到："在世界上所有的生物元素中，结构对我来说最富有吸引力，我尽可能观察自然界各种的建构方式"。他推崇自然与人体，将生态和有机设计的思想贯穿到实践中去，库卡波罗的住宅兼工作室就建造在树林中。关于传统，库卡波罗测量和研究过大量的博物馆家具，领悟到"细节是设计的灵魂"这一理念（图15-12、图15-13）。同时，他还对芬兰传统民居兴趣极大，索洛沙里岛的露天博物馆为他提供了研究的便利，这里移建了超过百年的芬兰民居建筑。库卡波罗对这些民居、民居室内和摆放的家具都做过测绘（图15-14）。库卡波罗是最早研究人体工学的设计师之一（图15-15、图15-16）。关于功能主义与美学价值，库卡波罗提到："对设计师而言，最重要的是使用最少的材料获得最佳的收益"，"细节可以使大而简单的作品变得丰富起来"，"最好的功能至上的设计作品同时也具有优美的视觉形象"。(库卡波罗《关于审美与功能主义》)库卡波罗认为家具是为人服务的,设计必须考虑使用者的需求,倡导从人体工学入手,从使用者角度入手。他亲自应用材料制作模型。他认为,艺术的创意若不通过手来实现,这个创意是不完整的。对于设计专业的学生来说,工厂是最好的大学。

图15-17　1956～1960年的摩登诺的库卡波罗作品

海密家具公司(Haimi Oy)是早期投产库卡波罗家具的合作者之一。后来,墨里·恩尼斯特(Mauri Enestam)与库卡波罗共同创建了"摩登诺"家具厂,持续了四年(图15-17、图15-18)。1960年起,莱波卡罗斯特公司(Lepokalusto Oy)成为库卡波罗的另一合作者。此外,马里麦可公司(Marimekko Oy)和Merivaara公司都曾生产过库卡波罗的家具。在芬兰之外,英国的康伦集团和斯蒂尔克罗姆公司、日本的Nimon-Sogyo公司、西班牙的诺玛·欧罗巴公司都是库卡波罗家具的生产合作商。阿旺特家具公司(Avarte Oy)成立于1980年,从事家具的设计、制造和销售,以生产高质量的家具为宗旨。库卡波罗任公司的总设计师(图15-19、图15-20)。库卡波罗很注重与家具制作者的合作。与工厂的联系有利于他设计出批量生产的家具,而与工匠的合作能够充分展示他的个性。

图15-18　摩登诺早期的库卡波罗作品

图15-19　斯德哥尔摩阿旺特展厅中的库卡波罗家具

在库卡波罗初出茅庐时,有以下重要的设计作品。Luku阅读椅是一件轻质多功能椅,曾被昂蒂·诺米斯奈米相中,并摆放在自己"未来之家"的展览中(图15-21、图15-22)。1959年,库卡波罗的玻璃钢椅子原型诞生了,他如愿以偿地试验了塑料家具的设计和制作,为之后的一系列塑料椅子的设计打下基础(图15-23～图15-25)。

1962年,库卡波罗设计了Ateljee沙发(图15-26、图15-27)的原型,由海密公司于1963年投产。这件家具体现了库卡

图15-20　赫尔辛基阿旺特展厅中的库卡波罗家具

图15-21　Luku阅读椅

图15-22　昂蒂·诺米斯奈米的"未来之家"

图15-23　1959年设计的第
一把玻璃钢椅

图15-24　1966~1967年的
Saturnus玻璃钢桌系列

波罗标准化生产的理念（图15-28），各单元标准件和连接件的设计使它易于生产、包装和运输，甚至维修。Ateljee沙发随后在1964年的科隆国际家具展上大放异彩，被纽约现代艺术博物馆永久收藏。

　　Karuselli椅（图15-29、图15-30）系列的诞生是玻璃钢这一新材料应用的成果，库卡波罗以人体构造和人体美为基本点，对玻璃钢进行塑造，创作了更为舒适的椅子。有意思的是，第一件Karuselli椅的形态设计灵感来自于库卡波罗醉酒后跌入雪堆的经历，身体在雪堆中的奇妙感觉让他突发奇想，为何不让椅子的曲线按我的身体走呢？于是，库卡波罗在1963年着手设计和研究，他先坐在金属网中形成身体曲线，然后在上面包覆浸透塑料的帆布并打磨，最终形成了具有较精确曲线的椅子壳体原型（图15-31、图15-32）。随后，

图15-25　1966~1967年的
Saturnus玻璃钢椅系列

图15-26　Ateljee沙发

图15-27　Ateljee沙发系列

库卡波罗在海密先生的支持下完成了关于Karuselli椅的进一步实验。第一件Karuselli椅原型在赫尔辛基海密公司的样品陈列室与大众见面，不出意料地得到了消费者的青睐，海密公司也随即投产。Karuselli椅自面世以来就是明星，应邀参加展会并登上DOMUS封面，于1971年被维多利亚阿尔伯特博物馆永久收藏。

图15-28 Ateljee沙发的标准件和连接件

Karuselli椅完全根据人体工学来设计形态，可旋转的椅子壳体通过钢质弹簧和橡胶减震器与底座相连（图15-33）。底座部分的支撑脚是类似鸭蹼的形状，由铝合金制成。1974年，Karuselli 418椅在《纽约》杂志组织的竞赛中被评选为"最舒适的坐椅"。库卡波罗也为建筑师们设计了小型的Karuselli椅，几乎供不应求。Karuselli系列有着长达5年的研发期，包括椅、桌、箱柜等种类，仅椅子类就有近十种之多（图15-34）。

图15-29 Karuselli椅1

图15-30 Karuselli椅2

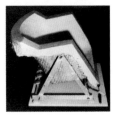

图15-31 Karuselli椅原型制作1

1969年，在Ateljee系列的标准单元件基础上，库卡波罗设计了Remmi钢管椅（图15-35、图15-36）原型。椅子的基本框架是钢管，包覆的软垫是可拆卸的。Remmi椅的单元可以依据需要自由组合（图15-37）。

库卡波罗随时关注社会的发展，当创造了大量的玻璃钢产品之后，石

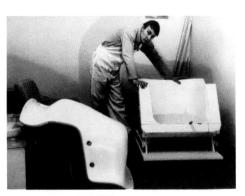

图15-32 Karuselli椅原型制作2

图15-33　Karuselli椅椅子壳体与底座的连接结构

图15-34　Karuselli椅系列

油危机爆发了，他转而关注胶合板的应用，尤其利用胶合板的可塑性进行办公家具的创作。这一时期，从普通家具转向对办公家具的研发成为全球范围内的热潮，库卡波罗是其中最重要的设计大师，被称为设计大师中的科学家。他将生态学和人体工学的理念引入办公家具设计，创造了办公家具的辉煌（图15-38~图15-41）。库卡波罗汲取了阿尔瓦·阿尔托双向胶合板的应用，试图用最简洁的形式实现功能，通过人体工学的理念和织物的应用创作最舒适的椅子。事实上，在设计史上，他的作品不断被冠以"舒适"的殊荣。

Plaano 工作椅（图15-42~图15-44）为库卡波罗之后的办公家具设计奠定了基础。椅子采用了桦木胶合板、铝合金和泡沫聚氨基甲酸酯等材料。虽然受到压制技术和设备的限制，Plaano工作椅的胶合板部件线条都尽可能的简单，

图15-35　Remmi椅带脚凳

图15-36　Remmi椅

图15-37　Remmi椅的标准件

图15-38 库卡波罗与西蒙·海克拉（Simo Heikkilä）合作的可变办公家具系统

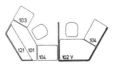

图15-39 可变办公家具系统组合一

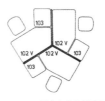

图15-40 可变办公家具系统组合二

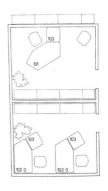

图15-41 可变办公家具系统室内空间组合

以直线为主。但它仍可以根据使用者的不同来调节座位、扶手和头枕的位置。20世纪70年代末，随着技术的发展，Plaano工作椅的理念进一步在Fysio办公椅（图15-45~图15-49）上得到深入和延展。椅背和头枕的胶合板都是曲线成型，最大限度地满足了人体对舒适的需求。

Skaala系列椅（图15-50）体现了库卡波罗"最少的材料耗费和自然的审美风格"的生态学理念。椅子采用钢管做框架，胶合板做背板、坐面、扶手和头枕，上面覆盖轻薄的软垫。椅子的尺度符合国际生理学标准。这一系列的椅子用途很广泛，在住宅和办公室里都有它们的身影。

Visual办公系统是模数化设计的办公组合家具（图15-51）。使用者可以根据空间特点、使用习惯、工作分类等各种需求安排家具单元的组合（图15-52）。除桌子和椅子的高度可调节外，各种办公附件的摆放也被考虑得很周到，设计师甚至照顾到使用者的左手或者右手习惯。Visual办公桌采用覆有树脂塑料的胶合板，桌面边缘镶了可更换色彩的软性塑料材质。

Funktus椅最初是为赫尔辛基新歌剧院设计的，后来发展出更多Funktus系列（图15-53~图15-57），适用于办公场所和

图15-42 Plaano办公椅

图15-43 Plaano会议椅1

图15-44 Plaano会议椅2

图15-45 Fysio办公椅1

图15-46 Fysio办公椅2

图15-47 Fysio办公椅3

图15-48 Fysio办公椅4

图15-49 Fysio办公椅5

图15-50 Skaala系列椅

图15-51 Visual办公系统

会议室，包括工作椅、会议椅、观众席椅、休息椅和沙发。椅子可叠摞，也易于相互连接，有着可拆卸的写字板。

在20世纪80年代时，库卡波罗受到了后现代主义的影响，试图创造一种装饰性的功能主义风格，将审美元素与功能主义结合起来。更何况，他已经有过将皮诺·米拉斯（Pino Milas）的画借用到Maisema沙发中的经验。1982年，库卡波罗将"实验系列"的后现代家具（图15-58~图15-62）搬到米兰展览会上，惊艳全场。椅子的一些结构部件或扶手被设计为明快的色彩和多样化的形状，与标准化的其他部件装配起来。

1997年，库卡波罗邀请塔帕尼·阿尔托玛（图15-63）一同为赫尔辛基实用艺术博物馆设计座椅。这些椅子的坐面、背板和框架上模印了阿尔托玛教授设计的图案，时尚感十足（图15-64~图15-66）。二人的合作继续推进，于第二年在拉赫蒂

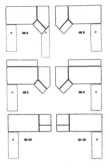

图15-52 Visual办公系统的不同组合

图15-53 Funktus系列椅1

图15-54 Funktus系列椅2

图15-55 Funktus系列椅3

图15-56 可叠摞的Funktus椅

图15-57 连排的Funktus椅

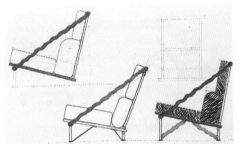

图15-58 后现代主义装饰主题设计草图

图15-59 后现代主义实验椅1

图15-60 后现代主义实验椅2

图15-61 Cloud-Vino 系列1

图15-62 Cloud-Vino系列2

图15-63 塔帕尼·阿尔托玛为库卡波罗展览设计的海报

图15-64 "图腾椅"系列1

图15-65 "图腾椅"系列2

图15-66 "图腾椅"系列3

图15-67 拉赫蒂诺伏画廊"图腾椅"展览

图15-68 "图腾椅"系列的龙饰椅

图15-69 赫尔辛基国际机场入口大厅的图腾椅

诺伏画廊举办了"图腾椅"展览（图15-67）。他们从赫尔辛基艺术与设计大学方海先生的剪纸收藏中得到了"中国龙"的图案，并将其压印在椅子上创作了龙饰椅（图15-68），成为图腾椅系列（图15-69）的重要作品。

2009年的芬兰生态特别展上，库卡波罗的"闪电椅"成为其生态思想的完美象征。"闪电椅"是一款轻质的扶手椅，采用了芬兰的本土木材——桦木。它适用于多种环境和多类使用者，能够被用于家居环境或者公共场所。更重要的是，由于那些规则简洁的几何构件，以及可轻易拆卸和互换的组装方式，"闪电椅"从生产、存放、包装、运输到维修，乃至再利用和再循环的几乎整个生命周期，都能实现便宜且低耗的生态目的。

"东西方家具"是库卡波罗近十多年来的重要作品，他用北欧现代设计的手法重塑中国传统家具的形象（图15-70）。同时，中国无锡印氏家具厂的制作工艺使库卡波罗对竹材家具的简约设计达到了极致，为中国传统工艺在现代家具设计领域的弘扬创造了机遇（图15-71）。

对传统元素情有独钟的库卡波罗有感于中国木作工艺的魅力不可自拔，当他决定以榫卯作为其新一期中国式作品的结构基础时，库卡波罗北欧背景下的、高超的家具设计水平就已为中国现代家具的发展注入了鲜活的动力，而榫卯工艺亦在与现代设计的密切合作中寻觅到再继承和再发展的合理渠道。

图15-70　库卡波罗、方海和印氏家具厂的印洪强在工作中

"东西方家具"系列不但立足于传统木作的榫卯结构，亦取材于中国传统家具中的功能与形式精髓，并以现代再创造的探索精神为"新中国主义"的家具发展提供了优秀的范本。这一点具体体现于"东西方家具"的众多系列中，例如早期的"东西方系列"（图15-72），"明式意向"以及"中国几"系列（图15-73）等。库卡波罗赋予了"东西方家具"两种意义上的创新，包括对中国传统设计思想的创新和对材料的创新。"东西方家具"系列家具的设计全面展示了库卡波罗对中国传统文化的情有独钟。他极力推崇中国传统家具中的实用性功能和简洁形式，并用其北欧现代设计的手法进行创新。

图15-71　"东西方家具"代表性作品

图15-72　1998年的东西方系列椅原型

库卡波罗认为民族与现代化并不矛盾，且民族化已经逐渐成为一个具有悠久历史国家的设计核心。在谈到传统与现代设计的结合问题时，库卡波罗曾这样答道："传统怎样与现代结合是个很

图15-73　"中国几"系列

图15-74　库卡波罗与方海在工作中

图15-75　"龙椅"

图15-76　可叠摞的龙椅

图15-77　库卡波罗住宅兼工作室外景

复杂且几乎没有答案的问题，我只是在不断尝试和应用。将传统形式简化的方式只是一种手法，而原则是保留传统的ID，即传统的象征符号，例如梅兰竹菊的图案、POP的色彩或者其他等。"

"东西方家具"的"龙椅"由库卡波罗和建筑师方海共同创作（图15-74）。它将中国明式家具中的朴素人体工学与北欧现代人体工学完美结合，其舒适性已得到中外专业人士的普遍认可。"龙椅"（图15-75、图15-76）的原型来自明式家具中的圈椅。圈椅是中国传统家具中典型的人体工学设计代表。其"马蹄形"扶手将椅背轮廓与扶手轮廓连为一体，既扩充了人体坐姿的自由度，又为手臂提供了更为舒适的放置方式。圈椅的条形背板亦为中国传统家具中的人体工学特征，能够为背部提供适宜的支撑。"龙椅"的设计撷取了上述"马蹄形"扶手和条形背板，并利用现代设计手法将二者的传统形式进行了简化。

库卡波罗的住宅兼工作室由他本人设计，艾罗·帕罗海蒙负责工程建造（图15-77～图15-80）。建筑像一个巨大风筝在风中张开，大面积的玻璃立面使屋顶看起来仿佛飘在空中，并与室外环境更好地融合起来。库卡波罗夫妇常坐

图15-78　库卡波罗住宅兼工作室内景

在玻璃窗前与室外的自然对话,甚至从不干涉住宅周围植物的生长。窗外的景观随季节的变化而不同,总是带给居住者时间流转的心情与感受。空间分割是由可移动的家具单元完成的,大部分家具是库卡波罗自己设计和制作的。库卡波罗认为建筑学习基础能够加深设计师对历史文化的理解,其中关于空间的概念对于家具设计师尤为重要。库卡波罗在创作中常与建筑师们讨论,以了解他们的需求和标准。在欧洲游历期间,他也曾为著名建筑师罗伯特·塞姆伯尼特做过短期助手。库卡波罗认为,那些无法设计出成功家具的工业设计师,一般都很少跟建筑师聊天和打交道。

图15-79　住宅兼工作室中的预制组合卫生设施

同时,库卡波罗是芬兰最优秀的展示设计师之一,有着上百次展示设计的经验和成果。"梦幻空间"(图15-81)创

图15-80　库卡波罗在工作室中

作于1987年的拉赫蒂周家具展，库卡波罗应用色彩和照明效果来营造一个超现实的空间，美轮美奂。之后，"梦幻空间"系列在阿姆斯特丹、墨尔本、赫尔辛基、奥斯陆和米兰等巡回展出，取得了巨大的成功。

1963年，母校（UIAH）邀请库卡波罗回校任教。经塔佩瓦拉推荐，1969~1974年库卡波罗来到赫尔辛基技术大学执教。之后，库卡波罗又回到赫尔辛基艺术与设计大学（UIAH）继续教育事业，培养了西蒙·海克拉、约里奥·威勒海蒙、尤克·雅尔维萨罗、基莫·瓦尤郎塔等大批优秀的设计师。1978~1980年间，库卡波罗被任命为该校校长，但他于1980年辞去了大学教职，专心从事设计工作。此外，库卡波罗还担任世界各地多所大学的客座教授，例如伦敦皇家艺术学院等。演讲和短期研讨班的举办也是库卡波罗投身于教育事业的重要工作。

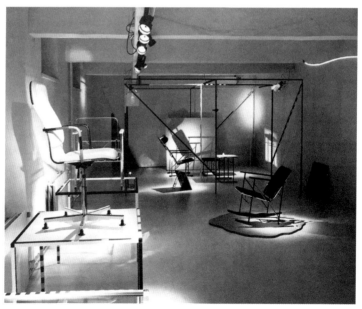

图15-81 "梦幻空间"展览设计

参考文献

中文版著作

[1]朱狄. 艺术的起源［M］. 北京：中国青年出版社，1999.

[2]［美］房龙. 艺术［M］. 北京：北京出版社，2011.

[3]凌继尧. 西方美学史［M］. 北京：北京大学出版社，2004.

[4]［英］海伦·斯特拉德威克. 古埃及史话：埃及艺术［M］. 刘雪婷，谭琪等译. 上海：上海科学技术文献出版社，2014.

[5]菲利普·E·毕肖普. 人文精神的冒险［M］. 陈永国译. 北京：人民邮电出版社，2014.

[6]罗宾·奥斯本. 古风与古典时期的希腊艺术［M］. 胡晓岚译. 上海：上海人民出版社，2015.

[7]朱龙华. 艺术通史：文艺复兴以前的艺术［M］. 上海：上海社会科学院出版社，2014.

[8]［英］贡布里希. 艺术发展史：艺术的故事［M］. 天津：天津人民美术出版社，2004.

[9]［美］派尔. 世界室内设计史［M］. 刘先觉，陈宇琳译. 北京：中国建筑工业出版社，2007.

[10]傅抱石. 中国绘画史纲［M］. 北京：北京出版社，2016.

[11]阮荣春. 中国绘画通论［M］. 南京：南京大学出版社，2005.

[12]孔见. 中国书法艺术通论［M］. 北京：人民出版社，2011.

[13]梁思成. 中国建筑史［M］. 北京：生活·读书·新知三联书店，2011.

[14]林福厚. 中外建筑与家具风格［M］. 北京：中国建筑工业出版社，2007.

[15]何镇强，张石红. 中外历代家具风格［M］. 郑州：河南科学技术出版社，1998.

[16]［美］皮娜·莱斯利. 家具史：公元前3000－2000年［M］. 吴智慧，吕九芳编译. 北京：

中国林业出版社，2008：71.

［17］宗白华. 美从何处寻［M］. 南京：江苏教育出版社，2005.

［18］胡文彦，于淑岩. 中国家具文化丛书：家具与绘画［M］. 石家庄：河北美术出版社，
2002.

［19］崔咏雪. 中国家具史——坐具篇［M］. 台北：明文书局，中华民国七十八年十二月.

［20］翁同文. 中国座椅习俗［M］. 北京：海豚出版社，2011.

［21］胡文彦. 中国历代家具［M］. 哈尔滨：黑龙江人民出版社，1988.

［22］胡德生. 中国古代的家具［M］. 上海：商务印书馆，1997.

［23］王世襄. 明式家具研究［M］. 北京：三联书店，2010.

［24］濮安国. 中国红木家具［M］. 杭州：浙江摄影出版社，1996.

［25］吴美凤. 盛清家具形制流变研究［M］. 北京：紫禁城出版社，2007.

［26］刘传生. 大漆家具［M］. 故宫出版社，2013.

［27］蔡易安. 清代广式家具［M］. 上海：上海书店出版社，2001.

［28］［美］大卫·瑞兹曼. 现代设计史［M］.（澳）王栩宇等译. 北京：中国人民大学出版社，
2007.

［29］［俄］金兹堡. 风格与时代［M］. 陈志华译. 西安：陕西师范大学出版社，2004.

［30］［英］诺伯特·林顿. 现代艺术的故事［M］. 杨昊成译. 南宁：广西美术出版社，2012.

［31］［法］尼古拉·滴弗利. 西方视觉艺术史：19世纪艺术［M］. 怀宇译. 长春：吉林美术出

版社：2002.

[32]鲍诗度. 西方现代派美术［M］. 北京：中国建筑工业出版社，2009.

[33]［美］威廉·弗莱明，玛丽·马里安. 艺术与观念［M］. 北京：北京大学出版社，2008.

[34]［英］菲奥娜·贝克，基斯·贝克. 20世纪家具［M］. 彭雁，詹凯译. 北京：中国青年出版社，2002.

[35]［英］史蒂芬·贝利，特伦斯·康兰. 设计的智慧：百年设计经典［M］. 唐莹译. 大连：大连理工大学出版社，2011.

[36]方海. 现代家具设计中的"中国主义"［M］. 北京：中国建筑工业出版社，2007.

[37]方海. 20世纪西方家具设计流变［M］. 北京：中国建筑工业出版社，2000.

[38]方海. 建筑与家具［M］. 北京：中国电力出版社，2011.

[39]胡景初，方海，彭亮. 世界现代家具发展史［M］. 北京：中央编译出版社，2008.

[40]［英］彼得·柯林斯. 现代建筑设计思想的演变［M］. 英若聪译. 北京：中国建筑工业出版社，2003.

[41]《大师》编辑部. 弗兰克·劳埃德·赖特［M］. 武汉：华中科技大学出版社，2007.

[42]［美］弗兰克·劳埃德·赖特. 建筑之梦［M］. 于潼译. 济南：山东画报出版社，2011.

[43]［德］沃尔特·格罗皮乌斯. 新建筑与包豪斯［M］. 张似赞译. 北京：中国建筑工业出版社，1979.

[44]［日］利光功. 包豪斯：现代工业设计运动的摇篮［M］. 刘树信译. 北京：轻工业出版社，1988.

[45]［德］让尼娜·菲德勒，彼得·费尔阿本德. 包豪斯［M］. 查明建，梁雪，刘晓菁，侯艺涵等译. 杭州：浙江人民出版社，2013.

[46]［英］弗兰克·惠特福德. 包豪斯［M］. 林鹤译. 北京：三联书店，2001.

[47]［德］奥斯卡·施莱默. 包豪斯舞台［M］. 周诗岩译. 北京：金城出版社，2014.

[48]刘先觉. 密斯·凡·德·罗［M］. 北京：中国建筑工业出版社，1992.

[49]［瑞士］W·博奥席耶，O·斯通诺霍. 勒·柯布西耶全集（1–8卷）［M］. 北京：中国建筑工业出版社，2005.

[50]［法］勒·柯布西耶. 走向新建筑［M］. 陈志华译. 西安：陕西师范大学出版社，2004.

[51]［荷］佐尼斯. 勒·柯布西耶：机器与隐喻的诗学［M］. 金秋野，王又佳译. 北京：中国建筑工业出版社，2004.

[52]［丹］菲利克斯·索拉古恩·毕斯科. 阿恩·雅各布森［M］. 王贝贝译. 沈阳：辽宁科学技术出版社，2005.

[53]［英］内奥米·斯汤戈. 全领域的100位世界设计大师：依姆斯夫妇［M］. 张帆译. 北京：中国轻工业出版社，2002.

[54]织田宪嗣. HANS J. WEGNER：名椅大师·丹麦设计［M］. 丁雍，高詹灿，谢承翰译. 台北：典藏艺术家庭，2014.

[55]［美］乔迅. 魅感的表面：明清的玩好之物［M］. 刘芝华，方慧译. 北京：中央编译出版社，2017.

［56］［英］休·昂纳. 中国风：遗失在西方800年的中国元素［M］. 刘爱英，秦红译. 北京：北京大学出版社，2017.

［57］［荷］奥塔卡·迈赛尔，桑德·沃尔特曼，卡劳特·凡·维基克. 坐设计：椅子创意世界［M］. 屈丽娜译. 济南：山东画报出版社，2011.

［58］林东阳. 名椅好坐一辈子：看懂北欧大师经典设计［M］. 台北：台湾三采文化，2011.

［59］岛崎信，野吕影勇，织田宪嗣. 近代椅子学事始［M］. 东京：World Photo Press株式会社，2002.

［60］织田宪嗣. 名作椅子大全［M］. 东京：日本新潮社，2007.

［61］西川荣明. 图解经典名椅［M］. 王靖惠译. 台北：东贩出版，2015.

［62］岛崎信. A Chair With Its Background［M］. 东京：建筑资料研究社，2002.

［63］王正书. 明清家具鉴定［M］. 上海：上海书店出版社，2017.

［64］张金华. 维扬明式家具［M］. 北京：故宫出版社，2016.

［65］央视风云. 家具里的中国［M］. 北京：中国青年出版社，2015.

［66］扬之水. 明式家具之前［M］. 上海：上海书店出版社，2011.

外文版著作

［1］Frank Whitford. World of Art：Bauhaus［M］. London：Thames & Hudson，1984.

［2］Franz Schulze，Edward Windhorst. Mies Van Der Rohe：A Critical Biography［M］. Chicago：The University of Chicago Press，2012.

［3］Mateo Kries，Jochen Eisenbrand. Alvar Aalto：second nature［M］. Weil am Rhein：Vitra Design Museum GmbH，2014.

［4］Frederick Gutheim. Alvar Aalto［M］. New York：Pocket Books，1960.

［5］Michael Sheridan. Room 606：the SAS House and the work of Arne Jacobsen［M］. London：Phaidon Press，2010.

［6］Robert Mc Carter. Breuer［M］. London：Phaidon Press，2016.

［7］DanielOstroff. An Eames anthology［M］. New Haven：Yale University Press，2015.

［8］Eric Touchaleaume，Gerald Moreau. Le Corbusier，Pierre Jeanneret：the Indian Adventure-Design，Art，Architecture［M］. Paris：GourcuffGradenigo，2010.

［9］Ida van Zijl. Gerrit Rietveld［M］. London：Phaidon，2010.

［10］Peter Drijver，Johannes Nieneijer. How to construct Rietveld furniture［M］. Amsterdam：Uitgeverij Thoth Bussum，2011.

［11］Michael White. De Stijl and Dutch Modernism［M］. Manchester：Manchester University Press，2003.

［12］Pekka Korvenmaa. Finnish Design：A Concise History［M］. Helsinki：Aalto University Press，2008.

［13］Oliver Zybok，Wolfgang Thëner. Bauhaus：The Art of the Students［M］. Ostfildern：Hatje Cantz，2014.

[14] Le Corbusier. A study of the decorative art movement in Germany [M]. Weil am Rhein: Vitra Design Museum, 2008/ First Edition in 1912

[15] Olivier Cinqualbre and Frederic Migayrou. Le Corbusier: the measures of man [M]. Paris: Centre Pompidou Zurich Scheidegger &Spiess, 2015.

[16] Anthony Flint. Modern Man: The Life of Le Corbusier, Architect of Tomorrow [M]. Boston: New Harvest/Haughton Miffin Harcourt, 2014.

[17] Anne Massey. Chair [M]. London: Reaktion Books, 2011.

[18] Margo Stipe. Frank Lloyd Wright: The Rooms: Interiors and Decorative Arts [M]. Milano: Rizzoli, 2014.

[19] Ida van Zijl. Gerrit Rietveld [M]. London: Phaidon Press Limited, 2016.

[20] Clunas, Craig. Chinese Export Art and Design [M]. London: Victoria and Albert Museum, 1987.

[21] Postell, James. FurnitureDesign [M]. NewJersey: JohnWiley&Sons, IncHoboken, 2007.

[22] Jerryll Habegger, Joseph H. Osman. Sourcebook of Modern Furniture[M]. New York: W. W. Norton & Company, Third edition, 2005.

[23] Bradley Quinn. Mid-Century Modern: Interiors, Furniture, Design Details [M]. London: Conran, 2004.

[24] Carsten Ruhl, Rixt Hoekstra, Chris Dahne. The Death and Life of the Total Work of Art: Henry Van De Velde and the Legacy of a Modern Concept [M]. Berlin: Jovis Verlag, 2014.

[25] Charlotte & Peter Fiell. Charles Rennie Mackintosh [M]. Cologne: Taschen, 1997.

[26] Wassily Kandinsky. Vasily Kandinsky: From Blaue Reiter to the Bauhaus, 1910-1925 [M]. Ostfildern: Hatje Cantz, 2013.

[27] Roland Doschka. Paul Klee: Selected by Genius [M]. Munich: Prestel, 2007.

[28] Ingrid Pfeiffer, Max Hollein. Laszlo Moholy-Nagy [M]. Munich: Prestel, 2009.

[29] Vanja Malloy. Intersecting Colors: Josef Albers and His Contemporaries [M]. Massachusetts: Amherst College, 2015.

[30] Clement Meadmore. The Modern Chair: Classic Designs by Thonet, Breuer, Le Corbusier, Eames and Others [M]. New York: Dover Publications, 2012.

[31] Charles Eames, Ray Eames, Daniel Ostroff. An Eames Anthology: Articles, Film Scripts, Interviews, Letters, Notes, and Speeches [M]. New Haven: Yale University Press, 2015.

[32] Eero Saarinen, Eeva-Liisa Pelkonen, Donald Albrecht, Taidehalli. Eero Saarinen: Shaping The Future [M]. New Haven; New York; Washington, D. C.; Helsinki: Yale University Press: In association with The Finnish Cultural Institute in New York: The Museum of Finnish Architecture: The National Building Museum: Yale University School of Architecture, 2006.

[33] Brian Lutz. Eero Saarinen: Furniture for Everyman [M]. New York: Pointed Leaf

Press, 2012.

[34] Christian Holmstedt Olesen, Mark Mussari. Hans J. Wegner: Just One Good Chair[M]. Ostfildern: Hatje Cantz, 2014.

[35] Manuela Roth. Nordic interior design [M]. Salenstein: Thames & Hudson, 2011.

[36] Marianne Aav, Nina Stritzler-Levine. Finnish Modern Design: Utopian Ideals and Everyday Realities, 1930-97 [M]. New Haven: Yale University Press, 2000.

[37] Fang Hai. Eero Aarnio [M]. Nanjing: Southeast University Press, 2003.

[38] Fang Hai. Yrj Kukkapuro [M]. Nanjing: Southeast University Press, 2002.

[39] C. N. Reeves, Richard H. Wilkinson, Nicholas Reeves. The Complete Valley of The Kings [M]. London: Thames & Hudson, 1996.

[40] Mark Lehner. The Complete Pyramids [M]. New York: Thames & Hudson (1St Edition), 1997.

[41] Aidan Dodson, Salima Ikram. The Tomb in Ancient Egypt [M]. New York: Thames & Hudson, 2008.

[42] Catharine H. Roehrig and Franco Serino. Ancient Egypt: Antient and Explorers in the land of pharaohs [M]. Vercelli: White Star Press, 2001.

[43] Alberto Siliotti. Egypt Lost and Found: Explorers and Travellers on the Nile [M]. London: Thames & Hudson, 1998.

[44] Helena Hayward. World Furniture [M]. London-NY-Sydney-Toronto: Hamlyn Press, 1965.

[45] The Making of The Middle Sea: A History of the Mediterranean from the Beginning to the Emergence of the Classical World[M]. Oxford: Oxford University Press(1st Edition), 2013.

[46] Eames Demetrios. An Eames Primer [M]. New York: Thames&Hudson, 2001.

[47] Goran Schildt. Alvar Aalto: His Life [M]. Helsinki: Alvar Aalto Museum, 2007.

网站
[1] www.taliesinpreservation.org

[2] www.vitra.com

[3] www.eamesoffice.com

[4] www.artek.fi.com

[5] www.verner-panton.com

[6] www.fritzhansen.com

[7] www.hermanmiller.cn

[8] www.knoll.com

后 记

景楠

　　方海教授撰写的《20世纪西方家具设计流变》一书曾于2001年出版，该书的开篇就提及："如此丰富多彩的世界现代家具设计的舞台上，竟然没有中国人的一席之地"。 十多年后的今天，放眼东西方家具设计领域，中国设计师仍然缺乏具有影响力的作品，也鲜有成熟流派的形成。我们有深厚的历史文化与优秀的设计传统，明式家具的成就至今为我辈所仰望。在《中国现代家具设计创新的思想与方法》（由笔者博士论文整理而成）中，笔者系统分析和整理了中国传统家具，尤其是明式家具中蕴含的先进设计原理，及其与现代家具设计思想的共通点。《艺术与家具》中的设计大师们大多热衷和擅长向传统学习，自传统发展。当雅各布森、维格纳和库卡波罗等人陆续从中国传统家具中取得灵感并创作出影响深远的经典作品时，中国设计师也在立足传统并锐意创新的探索之路上努力跋涉着，但成果乏善可陈。我们不得不提出疑虑并深刻思考，中国的家具设计领域究竟还存在哪些亟待解决的问题？本书内容已然为我们带来如下启示。

第一，艺术修养的缺位。中国缺乏具有影响力和号召力的当代艺术大师，原创艺术思想也凤毛麟角，导致中国当代艺术无法起到引领设计的目的。

第二，家具史知识的缺位。中国大量的一线设计师没有足够的关于世界家具史的知识。就目前来看，也没有足够完整的从中国视角撰写的家具史。

第三，设计方法的缺位。家具设计的方法究竟有哪些？设计创意的途径又有哪些？中国的家具设计师始终没有掌握有效的设计和创意方法，其原因还在于对理论研究的忽略。

第四，创新和转化的缺位。中国设计师对待传统的态度仍以模仿为主，很多作品都存在形式雷同和风格单一的问题，无法满足现代建筑和室内设计、现代办公与生活、现代生产与运输等多方面的需求。另外，仿古类家具的售卖多面向收藏者，不以创新为目的。

第五，科学思考的缺位。家具设计不能仅凭感性为之，成熟的家具作品都是科学研究与思考的产物，包括对新材料和新技术的研究、对人体工学与结构力学的研究，以及对生态设计含义的科学理解。然而，目前的专业教学中都较少重视此类科学知识的灌输，缺乏对科学思考的引导。

第六，合作的缺位。中国的家具设计领域缺少真正的艺术家、设计师和工匠之间的合作。

第七，材料研究的缺位。中国设计师较少对材料展开研究，尤其缺乏对新材料和新技术的研究，常局限于木材等传统家具材料的应用。这可能与中国的家具专业早期多在林学类院校有关。

第八，引导的缺位。整个社会都缺乏对设计的正确引导，从政府到学校都倾向于单一领域和某个专业的内部交流，忽略了多领域交叉对设计灵感和创新意识的激发作用。

当然，一路走来，尤其是20世纪80年代后，中国家具设计不置可否地取得了丰硕的成果。中国设计师也在瞬息万变的市场环境中不断锤炼着自己，在世界家具设计领域争取到越来越多的话语权。诚然，我们仍存在很多问题，将它们逐一解决需要社会各界的协同努力，这无疑是走向家具设计强国的必经之路。那么，我们可以遥想，有朝一日，中国家具设计师的名字将印在世界家具史的重要篇章上。

对人类的家具而言，艺术创意的源泉是多方面的，也是无穷尽的。我们的家具界应该有更多的设计师关注"艺术与家具"的主题并从中获得启发和灵感，从而立志再造中国家具艺术与创意的辉煌。

——方海